JN085705

新 版
基礎分析化学演習
（第 2 版）

菅原正雄

三共出版

新版（第2版）まえがき

　大学・専門学校などにおいて化学および関連する分野の学生が分析化学の基本概念を学ぶのは比較的早い時期である。そのため大学などでは高等学校で学んだ化学の基礎知識をもとに，より厳密な測定値の取り扱いや溶液内平衡を扱うことに習熟することが必須となる。このような意図のもと，旧版と同様に，改訂版においても演習の内容はより平易なものを扱うことで初学者の理解を深める手助けとした。

　改訂版では，滴定への応用を各項に含めることで，各項目において具体的な実験をイメージできるようにした。溶液内平衡の取り扱いをより厳密に扱うためには活量と濃度の違いを知ることが必要となるが，一般に，滴定や光学的な測定では物質の濃度を求めるが，電気化学的測定では活量が測定される。本書では，このような点を踏まえて，活量と濃度の関係を注記，表現することで，初学者の理解を助けることにした。また，分析データの処理においては，データの棄却の異なる方法やサンプル（試料）が均一でない場合のケースも扱うことにした。先生方が教授するに当たっては必要な項目を選択して使用されることを望む。

　改訂にあたり，旧版をご利用いただいた方々に厚く御礼申し上げる。また，改訂版をまとめるのにあたり三共出版（株）の秀島　功氏および野口昌敬氏には大変お世話になった。ここに記して深く感謝する。

2020 年 3 月

菅原　正雄

初版まえがき

　分析化学は化学的あるいは物理的手法によって物質を検知，分離するための方法の開発と応用，およびそれらに付随する事柄を研究する学問領域である。近年は機器を用いる分析法が主流ではあるが，試料の前処理の過程において化学平衡の知識は不可欠である。

　化学系の学生が大学で分析化学を学ぶのは比較的早い時期である。学生は，分析化学の講義を受講するとともに分析化学実験により具体例を学ぶ。その際単に結果のみを知るのでなく，現象を定量的に理解することが必須である。例えば，フェノールフタレインを指示薬に用いる酸塩基滴定において，溶液が淡いピンク色を呈すれば終点であること，それは何故なのか，指示薬はどの位加えればよいのか，また滴定の誤差をどの程度含むかなどを知ることによっていっそう滴定反応の理解が深まると思われる。このようなことを知るためには，溶液内のイオン平衡を理論的に取り扱うための知識を必要とする。

　化学平衡の理論的取り扱いでは，溶液内平衡を厳密に扱うが，一方，化学的直感によって簡略式を用いることも計算を容易にする。溶液内平衡の取り扱いでは厳密解を得るのが目的ではない。むしろ，反応を予測することが目的である。これらのことを，演習によって基礎的な事項を中心に具体的に学ぶことが，溶液内平衡の取り扱いを理解する手助けとなろう。本書は，このような観点から，化学の初心者が化学平衡を理解するための手助けとして，溶液内のイオン平衡の基礎を学び，理解を深めるための演習書として企画した。講義の副読本としても有用であろう。

　本書をまとめるにあたり三共出版（株）の秀島　功氏および細矢久子氏に大変お世話になった。ここに記して深く感謝する。

2004 年 8 月 30 日

菅原　正雄

目　　次

1　溶液の濃度とその表し方

2　分析データの取り扱い

vi

1 | 溶液の濃度とその表し方

　化学において，物質量を表す最も基本的な単位はモル（mol）である。物質 1 mol の質量をモル質量（g/mol）という。物質量（mol）は物質の質量（g）をモル質量で割った値である。

$$物質量（mol）= \frac{物質の質量（g）}{モル質量（g/mol）}$$

溶液の濃度は 1–1 〜 1–3 に示すような様々な表し方がある。

1–1　モル濃度

1)　容量モル濃度（molarity）

　溶液 1 L 中に溶けている溶質の物質量（mol）で表した濃度である。単位は mol/L または mol/dm^3 を用いる。単位記号として M（≡mol/L）を用いることもある。体積は温度によって変化するので，濃度の表記に体積が含まれる場合，厳密には温度を記載する。

$$モル濃度（mol/L）= \frac{溶質の物質量（mol）}{溶液の体積（L）}$$

$$モル濃度（mol/L）= \frac{溶質の質量（g）}{溶質のモル質量（g/mol）} \times \frac{1000}{溶液の体積（mL）}$$

2)　質量モル濃度（molality）

溶媒 1 kg に a mol の溶質を溶かしたときの濃度を表す。

$$質量モル濃度a（mol/kg）= \frac{溶質の物質量（mol）}{溶媒の質量（kg）}$$

1-2 百分率濃度

1) 質量百分率濃度 (w/w)%

溶液の質量（g）に対する溶質の質量（g）をパーセントで表したもの。溶質の質量を W，溶媒の質量を W_s とすると

$$(w/w)\% = \frac{W}{W_s + W} \times 100$$

2) 容量百分率濃度 (v/v)%

体積 V(mL) の溶液中に含まれる溶質の体積 V_s(mL) をパーセントで表した濃度。

$$(v/v)\% = \frac{V_s}{V} \times 100$$

3) 質量対容量比濃度 (w/v)%

体積 V(mL) の溶液中に含まれる溶質の質量（g）をパーセントで表した濃度。

$$(w/v)\% = \frac{W\ (g)}{V\ (mL)} \times 100$$

例題1 次の水溶液に含まれる各物質の物質量（mol）を計算しなさい。

① 0.20 mol/L の $AgNO_3$ 溶液 250 mL

② 10(w/v)% ショ糖（$C_{12}H_{22}O_{11}$）溶液 100 mL

溶液に含まれる溶質の物質量（mol）は容量モル濃度（mol/L）×体積（L）の関係から求まる。計算に際しては体積の単位をそろえることに注意する。

① 硝酸銀の物質量（mol）は，濃度×体積の関係から

$$0.20\,\text{mol/L} \times 0.25\,\text{L} = 0.050\,\text{mol}$$

② ショ糖の分子量は 342.30 である。したがってモル質量は 342.30 g/mol。重量対容量比濃度で示されているので，10(w/v)% ショ糖溶液 100 mL に含まれるショ糖の質量（g）は

$$100\,\text{mL} \times \frac{10}{100}\,\text{g/mL} = 10\,\text{g}$$

ショ糖の物質量（mol）は

$$\frac{10\,\text{g}}{342.30\,\text{g/mol}} = 2.9 \times 10^{-2}\,\text{mol}$$

となる。

問1 次の溶液を調製するのに必要な各物質の質量（g）を求めなさい。

① 0.10 mol/L NaCl 溶液　500 mL

② 5.0(w/v)%KNO₃ 溶液　100 mL

③ 0.10 mol/L シュウ酸（$H_2C_2O_4$）溶液 500 mL　（式量 90.0）

解

① NaCl のモル質量は 23.0＋35.5 ＝ 58.5 g/mol である。0.10 mol/L NaCl 溶液 500 mL を調製するためには

$$0.10\,\text{mmol/mL} \times 500\,\text{mL} = 50\,\text{mmol}$$

の NaCl が必要。したがって，必要な NaCl の質量は

$$0.050\,\text{mol} \times 58.5\,\text{g/mol} = 2.9\,\text{g}$$

② 5.0(w/v)%KNO₃ 溶液の 1 L には 50 g の KNO₃ が含まれる。したがって，100 mL では 5.0 g の KNO₃ が必要。

③ $H_2C_2O_4$ のモル質量は 90.0 g/mol である。0.10 mol/L シュウ酸溶液 500 mL に含まれるシュウ酸の物質量（mol）は

$$0.10\,\text{mol/L} \times 0.50\,\text{L} = 0.050\,\text{mol}$$

したがって必要なシュウ酸の質量（g）は

$$0.050\,\text{mol} \times 90.0\,\text{g/mol} = 4.5\,\text{g}$$

例題 2　次の溶液のモル濃度を計算しなさい。

$$38.0\% \text{ HCl, 密度 } 1.188 \text{ g/cm}^3$$

① 塩酸溶液 1 L の質量は $1.188 \text{ (g/cm}^3) \times 1000 \text{ cm}^3 = 1,188 \text{ g}$ で，その中に含まれる HCl の質量は

$$1,188\,\text{g} \times \frac{38.0}{100} = 451\,\text{g}$$

HCl（式量 36.46）の物質量は

$$\frac{451\,\text{g}}{36.46\,\text{g/mol}} = 12.37\,\text{mol}$$

　この物質量の HCl が 1 L 中に含まれているので HCl の容量モル濃度は 12.37 mol/L。

コラム　市販の液体試薬のラベルに記載されている含量（％）の表記は，原則として質量 ％ で記載することになっている。そのため質量あるいは容量 ％ などの記載がない。％ のみが表示されている場合は質量 ％ として計算する。質量 ％ 以外の百分率濃度の場合は (v/v)% のように明記されている。

問 2　市販の酸及び塩基溶液の容量モル濃度を計算しなさい。

① 98.0% H_2SO_4，密度 1.84 g/cm³

② 100% CH_3COOH，密度 1.0498 g/cm³

③ 28.0% NH_3，密度 0.898 g/cm³

④ 20% NaOH 水溶液，密度 1.2 g/cm³

解

① H_2SO_4 溶液 1 L の質量は 1,840 g で，その中に含まれる H_2SO_4 の質量は

$$1,840\,\text{g} \times \frac{98}{100} = 1,803\,\text{g}$$

硫酸（98.08 g/mol）の物質量（mol）としては

$$\frac{1,803\,\mathrm{g}}{98.08\,\mathrm{g/mol}} = 18.38\,\mathrm{mol}$$

この物質量の H_2SO_4 が 1 L に含まれているので硫酸の容量モル濃度は 18.4 mol/L。

② 酢酸 1 L の重さは 1,050 g で，100% 酢酸中の酢酸の質量は

$$1,050\,\mathrm{g} \times \frac{100}{100} = 1,050\,\mathrm{g}$$

酢酸の物質量にすると

$$\frac{1,050\,\mathrm{g}}{60.05\,\mathrm{g/mol}} = 17.49\,\mathrm{mol}$$

酢酸の容量モル濃度は 17.49 mol/L。

③ アンモニア溶液 1 L の質量は 898 g で，その中に含まれアンモニアの質量は

$$898\,\mathrm{g} \times \frac{28}{100} = 251\,\mathrm{g}$$

アンモニアの物質量は

$$\frac{251\,\mathrm{g}}{17.03\,\mathrm{g/mol}} = 14.7\,\mathrm{mol}$$

アンモニアの容量モル濃度は 14.7 mol/L である。

④ 20%NaOH 水溶液 1 L の質量は 1,200 g で，その中に溶けている NaOH の質量は

$$1,200\,\mathrm{g} \times \frac{20}{100} = 240\,\mathrm{g}$$

NaOH の物質量は

$$\frac{240\,\mathrm{g}}{40\,\mathrm{g/mol}} = 6.0\,\mathrm{mol}$$

容量モル濃度は　6.0 mol/L となる。

問3　1.0 mol/L 硫酸溶液 100 mL を 98.0%H_2SO_4（密度 1.84 g/cm^3）から調製したい。何 mL の硫酸が必要か。

解

① 1.0 mol/L 硫酸溶液 100 mL を調製するのに必要な H_2SO_4（98.08 g/mol）の質量は

$$1.0 \, \text{mol/L} \times 0.1 \, \text{L} \times 98.08 \, \text{g/mol} = 9.81 \, \text{g}$$

となる。98.0% H_2SO_4 の 1 L に含まれる H_2SO_4 の質量は

$$1{,}840 \, \text{g} \times \frac{98}{100} = 1{,}803 \, \text{g}$$

であるから，1 mL 中には 1.80 g の H_2SO_4 が含まれる。必要な 98.0% H_2SO_4 の体積は

$$\frac{9.81 \, \text{g}}{1.80 \, \text{g/mL}} = 5.45 \, \text{mL}$$

1-3 分率濃度

百万分率濃度（parts per million, ppm），十億分率濃度（parts per billion, ppb）一兆分率濃度（parts per trillion, ppt）の濃度の表しかたは環境分析，水質分析などの分野でたびたび使用される。

$$\text{ppm} = \frac{\text{目的物質の質量（}\mu\text{g}）}{\text{試料の質量（g）}} \quad \text{または} \quad \text{ppm} = \frac{\text{目的物質の体積（}\mu\text{L}）}{\text{試料の体積（L）}}$$

$$\text{ppb} = \frac{\text{目的物質の質量（ng）}}{\text{試料の質量（g）}} \quad \text{または} \quad \text{ppb} = \frac{\text{目的物質の体積（nL）}}{\text{試料の体積（L）}}$$

$$\text{ppt} = \frac{\text{目的物質の質量（pg）}}{\text{試料の質量（g）}} \quad \text{または} \quad \text{ppt} = \frac{\text{目的物質の体積（pL）}}{\text{試料の体積（L）}}$$

質量（w）対質量（w），体積（v）対体積（v）で表すのが原則である。溶液の密度が 1 とみなせる希薄溶液を対象としている場合は，体積と質量は等しいので質量（w）対体積（v）も使用される。

記号	w/w	w/v	v/v
ppm	μg/g	μg/mL	μL/L
ppb	ng/g	ng/mL	nL/L
ppt	pg/g	pg/mL	pL/L

グラムまたはリットルの前の接頭語はそれぞれ $\mu = 10^{-6}$, n $= 10^{-9}$,

$p = 10^{-12}$ を表す。

質量の基準

コラム　　化学実験で目的物質の質量を測定する際には，質量をあらかじめ測定したガラス容器やプラスチック容器に物質を量りとり，天秤を用いて重さを測定する。物質をいれた容器の風袋（tare）を差し引くと物質の重さがわかる。質量の SI 基本単位の大きさは国際 kg 原器の質量に等しいと定義されてきた。しかし，このような質量の基準が 2018 年 11 月に第 26 回国際度量衡総会において新しい定義に移行することが決議され，2019 年 5 月 20 日世界計量記念日から施行されることになった。

　これまでの質量の基準は国際キログラム原器に基づいている。キログラム原器は白金 - イリジウム合金性の分銅であり，フランスパリ郊外にある国際度量衡局の一室に二重のガラスケースに入れられて厳重に保管されている。キログラム原器は多くの複製が各国配布されていて（日本ではつくばの産業技術総合研究所に保管），測定機器の補正などに使われてきた。しかし，1989 年に国際キログラム原器と各国に配布されている複製を比べたところ，ほぼ指紋 1 個に相当する 100 万分の 50 グラムのずれが判明した。つまりキログラム原器の質量は時間とともに計時変化したと考えられる。そのため国際度量衡委員会は，基本単位としてのキログラムを見直すことを決めた。

　新しい定義は

$$1\,\mathrm{kg} = \frac{h}{6.626070040 \times 10^{-34}}\,m^{-2}s$$

であり，光に関係する Plank 定数 h を使用する。定義の決定の過程においては，プランク定数を正確に求める方法とアボガドロ定数を正確に求める方法とが検討された。プランク定数は電子の質量に関係しているので正確な値がわかれば計算から 1 kg が割り出される。また，後者は，純度の高いシリコン球体の体積，質量，格子定数，モル質量を正確に求めアボガドロ定数を決定する方法であるが，プランク定数 h とアボガドロ定数 N_A との間には厳密な関係式が存在するのでどちらで定義しても本質的な差異はない。

　今回の改定では，"物質量（単位 mol）の定義も変わる。これまでは，"0.012 kg の ^{12}C の中に存在する原子の数に等しい数の要素粒子を含む系の物質量"であったが，改定では

$$1\,\mathrm{mol} = 6.022140857 \times 10^{23}/N_A$$

となる。

例題 3 次の濃度を計算しなさい。

① 乾燥土壌 1.02 g に Pb が 10.0 ng 含まれていた。何 ppb か。

② 1.00×10^{-5} mol/L CdCl$_2$ 溶液中の Cd^{2+} イオンの濃度は何 ppm か。

③ 1.0 ppm の Pb^{2+} を含む溶液のモル濃度はいくらか。

解

① $\dfrac{\text{Pbの質量（ng）}}{\text{試料の質量（g）}} = \dfrac{10.0\,\text{ng}}{1.02\,\text{g}} = 9.80\,\text{ppb}$

② 溶液 1 L 中に 1.00×10^{-5} mol の Cd^{2+}（原子量 112.4）を含む。Cd の質量は

$$1.00 \times 10^{-5}\,\text{mol} \times 112.4\,\text{g/mol} = 1,124\,\mu\text{g}$$

1 ppm = 1 μg/mL なので，Cd^{2+} の百万分率濃度は

$$\dfrac{1124\,\mu\text{g}}{1,000\,\text{mL}} = 1.12\,\text{ppm}$$

③ 1.0 ppm の Pb^{2+} 溶液の 1 mL 中に含まれる Pb（原子量 207.2）の質量は 1.0×10^{-6} g である。1 L 中には

$$\dfrac{1.0 \times 10^{-6}\,\text{g}}{1\,\text{mL}} \times 1,000\,\text{mL} = 1.0 \times 10^{-3}\,\text{g}$$

の Pb が含まれる。物質量としては

$$\dfrac{1.0 \times 10^{-3}\,\text{g}}{207.2\,\text{g/mol}} = 4.8 \times 10^{-6}\,\text{mol}$$

したがって，Pb^{2+} の容量モル濃度は，4.8×10^{-6} mol/L。

問 4 次の濃度を計算しなさい。

① 植物乾燥試料 1.40 g に 5.0 ng の Mn が含まれていた。Mn は何 ppb か。

② 250 mL 中に 6.0 μmol の Na$_2$SO$_4$ を含む溶液がある。何 ppm の Na を含むか。

解

① $\dfrac{5.0\,\text{ng}}{1.40\,\text{g}} = 3.6\,\text{ppb}$

② $6.0\,\mu\text{mol}$ の Na_2SO_4 中の Na（原子量 23.0）の質量は

$$2 \times 6.0\,\mu\text{mol} \times 23.0\,\text{g/mol} = 2.8 \times 10^2\,\mu\text{g}$$

である。この質量の Na が 250 mL に含まれるので Na^+ イオンの百万分率濃度は

$$\dfrac{2.8 \times 10^2\,\mu\text{g}}{250\,\text{mL}} = 1.1\,\mu\text{g/mL} = 1.1\,\text{ppm}$$

問5 次の計算をしなさい。

10 ppm の Zn^{2+} を含む溶液 100 mL を塩化亜鉛（II）から調製したい。必要な $ZnCl_2$ の質量（g）はいくらか。

解

$ZnCl_2$ のモル質量は 136.3 g/mol である。10 ppm $= 10\,\mu\text{g/mL}$ の Zn^{2+} を含む溶液 100 mL を調製するために必要な Zn の質量は

$$10\,\mu\text{g/mL} \times 100\,\text{mL} = 1.0\,\text{mg Zn}$$

である。Zn の原子量は 65.4 であるから，必要な Zn の物質量は

$$\dfrac{1.0 \times 10^{-3}\,\text{g}}{65.4\,\text{g/mol}} = 1.53 \times 10^{-5}\,\text{mol}$$

これを $ZnCl_2$ から調製するためには

$$1.53 \times 10^{-5}\,\text{mol} \times 136.3\,\text{g/mol} = 2.08 \times 10^{-3}\,\text{g}$$

の $ZnCl_2$ を溶解して 100 mL の溶液とすればよい。

2 │ 分析データの取り扱い

　測定値には様々な誤差（**error**）が含まれる。誤差は系統誤差（**systematic error**）[*]と偶然誤差（random error）[**]に分けられる。前者は，温度変化や未検定の体積容器を用いた場合のように原因が確定できるか，補正できる。一方，偶然誤差は測定において制御できない，不確定要素による。

　正確さ（**accuracy**）は精確さともいい，測定値が真の値にどれだけ近いか表す。現在は真度（**trueness**）とよぶことが推奨されている。精度は測定を繰り返したときの値のばらつきの程度をしめす。実験データの整理に当たっては，確度は絶対誤差あるいは相対誤差として，精度は標準偏差として表す。

[*]determinant error ともいう。　[**]indeterminate error ともいう

2-1　絶対誤差（absolute error）と相対誤差（relative error）

$$絶対誤差 = |測定値| - |真値|$$

$$相対誤差（\%）= \frac{絶対誤差}{|真値|} \times 100$$

例題 1　1.00 ppm の亜鉛を含む標準試料を分析した結果 1.02 ppm となった。絶対誤差と相対誤差を求めなさい。

$$絶対誤差 = |1.02| - |1.00| = 0.02\,\mathrm{ppm}$$

$$相対誤差 = \frac{0.02}{1.00} \times 100 = 2\%$$

問1　水 10.0 mL をピペットから排出して質量を測定した結果 9.9978 g となった。温度および気圧を補正した後の 10.0 mL の水の質量は 9.9988 g となった。絶対誤差および相対誤差を求めなさい。

解

$$絶対誤差 = |9.9978| - |9.9988| = -0.001\,\mathrm{g}$$

$$相対誤差 = \frac{-0.001}{9.9988} \times 100 = -0.01\%$$

2-2　精　　　度

1)　**実験標準偏差**（experimental standard deviation）

$$s = \sqrt{\frac{\sum (x_i - \bar{x})^2}{N-1}}$$

s：実験標準偏差，x_i：測定値，$\bar{x}$：平均値，N：測定回数，$N-1$：自由度

2)　**平均標準偏差**（mean standard deviation）

$$s\,(平均) = \frac{s}{\sqrt{N}}$$

3)　**相対標準偏差**（relative standard deviation）または変動係数（coefficient of variance）

$$\frac{s}{\bar{x}} \times 100\%$$

例題2 植物試料中の亜鉛を分析して以下の結果が得られた。分析値の実験標準偏差，平均標準偏差と変動係数を求めなさい。

測定回数	Zn 含量(ppm)
1	30
2	34
3	32
4	31
5	33

解

計算のための表を作成する。

x_i	$x_i - \bar{x}$	$(x_i - \bar{x})^2$
30	-2	4
34	$+2$	4
32	0	0
31	-1	1
33	$+1$	1
160		10

平均値　　$\bar{x} = \dfrac{160}{5} = 32\,\mathrm{ppm}$

実験標準偏差(s)　　$s = \sqrt{\dfrac{10}{5-1}} = 1.58 \approx 1.6\,\mathrm{ppm}$

平均標準偏差　　$s(\mathrm{mean}) = \dfrac{s}{\sqrt{N}} = \dfrac{1.6}{\sqrt{5}} = 0.72\,\mathrm{ppm}$

変動係数 $= \dfrac{s}{\bar{x}} \times 100 = \dfrac{1.6}{32} \times 100 = 5.0\%$

問2 血清中の総タンパクを分析して以下の結果を得た。実験標準偏差および変動係数を求めよ。

7.0, 7.5　6.8　7.8　6.9　g/dL

解

計算のための表を作成する。

x_i	$x_i-\bar{x}$	$(x_i-\bar{x})^2$
7.0	-0.2	0.04
7.5	0.3	0.09
6.8	-0.4	0.16
7.8	0.6	0.36
6.9	-0.3	0.09
36.0		0.74

平均値　　$\bar{x} = \dfrac{36.0}{5} = 7.2\,\mathrm{g/dL}$

実験標準偏差(s)　　$s = \sqrt{\dfrac{0.74}{5-1}} = 0.43\,\mathrm{g/dL}$

変動係数 $= \dfrac{0.43}{7.2} \times 100 = 6.0\%$

2-3　信頼限界 (confidence limit)

　測定を繰り返して得られた測定値は一般に誤差を含んでいるが，真の値が存在する範囲を一定の確率で決めることができる。その範囲は信頼区間 (confidence interval) と呼ばれ，信頼限界は，信頼区間の両側の境界値を示す。

$$信頼限界 = \bar{x} \pm \dfrac{ts}{\sqrt{N}}$$

ここで$\bar{x}$は平均値，sは実験標準偏差，Nは測定回数，tは自由度 (degree of freedom) $N-1$ における t 値である。

14

 例題 3 水の硬度を求めるために EDTA 滴定を行った。滴定値として以下の結果が得られた。信頼限界を求めなさい。

9.85, 9.80, 9.83, 9.86, 9.82, 9.83（単位 mL）

分析結果から

平均値　$\bar{x} = 9.83$ mL

実験標準偏差　$s = 0.02$ mL

自由度は $6-1 = 5$ である。95% 信頼区間を用いると，t 分布表［付表 3 (1)］より自由度 5 では $t_0 = 2.571$ である。これらの値を代入すると

$$信頼限界 = 9.83 \pm \frac{2.571 \times 0.02}{\sqrt{6}} = 9.83 \pm 0.02\ \text{mL}$$

この範囲（信頼区間）内に真の値が存在する確率は 95% である。

問 3 グルタミン酸センサーを用いて脳内のグルタミン酸の放出量を求め，以下の結果を得た。95% 信頼限界を求めなさい。

3.0, 3.4, 2.9, 3.1（単位は μmol/L）

解

平均値を求めると $\bar{x} = 3.1$，実験標準偏差は $s = 0.216$

自由度 $4-1 = 3$ における t 値は $t_0 = 3.18$（95% 信頼区間）

$$信頼限界 = 3.1 \pm \frac{3.18 \times 0.22}{\sqrt{4}} = 3.1 \pm 0.3$$

真の値は $3.1-0.3 < \mu < 3.1+0.3$ の範囲にあると 95% の確率で推定できる。

2–4　有効数字

分析結果を得る一連の操作の中で，最も低い精度の測定操作によって全体の精度が支配される。有効数字は，測定結果を測定精度と同じ桁まで表したものである。演算は以下の原則による。

a) **足し算, 引き算**：有効数字は小数点の位置によって左右される。

b) **掛け算と割り算**：答えの不確かさは有効数字の最も桁数の少ないもの（キーナンバー）によって支配される。

c) **対 数**：計算する数と対数の真数は同じ桁数の有効数字をもつ。その際, 仮数部分は0を含む小数点以下すべての数字が有効になる。

d) **四捨五入**：有効数字の最後の桁よりひとつ下の桁の数字が5より大きいと切り上げ, 小さいと切り捨てる。ただし, 四捨五入する数字が5の場合, 直前の数字が奇数では切り上げ, 偶数では切り捨てる。

例題4 次の値の有効数字は何桁か。

① 2.300

② 0.530×10^3

③ 0.0054

① 4桁 小数点以下二桁目より下の0は有効である。

② 3桁 小数点の前にある0は, 単に小数点の位置を示す0である。指数部分の3は小数点の位置を示している。

④ 2桁 5の前の0はいずれも単に小数点の位置を示す0である。

例題5 有効数字を考慮して $CaSO_4 7H_2O$ の式量を求めなさい。

足し算, 引き算では, 有効数字は小数点の位置によって左右される。

16

Ca	40.08
S	32.07
O	176.00 (16.00 × 11)
H	14.112 (1.008 × 14)
式量	262.262
	= 262.26

　上の演算の中で，最も不確かな原子量は Ca と S で，小数点以下 2 桁目に不確かさを含んでいる。したがって，各原子量の足し算である式量は小数点以下 2 桁目に不確かさを含み，小数点より 3 桁目以下は有効でない。

例題 6　以下の計算の答えを有効数字が最大の桁数まで求めなさい。
$$100.0 \times 55.6 \times 0.1154$$

解

　掛け算と割り算では，答えの不確かさは最も有効数字の桁数の少ないもの（キーナンバー）によって支配される。
$$100.0 \times 55.6 \times 0.1154 = 641.624 = 642$$
この計算で最も有効数字の桁数が少ないキーナンバーは 55.6 で 3 桁である。演算の答えは，キーナンバーに支配されて有効数字 3 桁となる。

例題 7　以下の計算の答えを最大有効数字の桁まで求めなさい。
$$5.0 \times 10^{-3}\,\text{mol/L HCl 水溶液の pH}$$

解

$$pH = -\log[5.0 \times 10^{-3}] = -(\log 5.0 + \log 10^{-3})$$
$$= -(0.699 - 3) = 3 - 0.70$$
$$= 2.30$$

　指数部分からの −3 は小数点の位置を決めるものである。計算する数は有効数字 2 桁である。log 5 の仮数 0.699 は小数点以下 3 桁の数字であるが，有効数字 2 桁に丸められて 0.70 になる。

問4　次の値の有効数字は何桁か。

① 　9.65×10^4

② 　0.031

③ 　0.0680

解

① 　3桁

② 　2桁

③ 　3桁

問5　Faraday 定数である 96485 C mol^{-1} を有効数字4桁で指数を用いて表しなさい。

解

$$9.649 \times 10^4 \, \text{Cmol}^{-1}$$

四捨五入する数字が5で，直前の数字が偶数なので切り捨てる。

問6　$AgNO_3$ の式量を求めなさい。

解

Ag	107.9
N	14.01
O	48.00（16.00 × 3）
式量	169.91
	= 169.9

問7　以下の計算の答えを有効数字が最大の桁数まで求めなさい。

① 　$\dfrac{13.67 \times 120.4}{4.62}$

② $\dfrac{5.324}{12.615} \times 100$

解

① $\dfrac{13.67 \times 120.4}{4.62} = 356.2 = 356$

キーナンバーは 4.62 で 3 桁である。

③ $\dfrac{5.324}{12.615} \times 100 \,(\%) = 42.20 \,(\%)$

百分率を示す 100 は小数点の位置を決めるものであり，有効な桁数は無限大と考える。キーナンバーは 5.324 で 4 桁である。

問8　以下の計算の答えを最大有効数字の桁まで求めなさい。

① 2.0×10^{-3} mol/L HCl 水溶液の pH

② 12.1 の対数値

③ $\log x = -4.723$

④ $\log x = 0.072$

解

① $\mathrm{pH} = -\log [2.0 \times 10^{-3}] = -(\log 2.0 + \log 10^{-3})$

$\quad\quad = -(0.30 - 3) = 3 - 0.30$

$\quad\quad = 2.70$

② $\log 12.1 = \log (1.21 \times 10) = \log 1.21 + \log 10$

$\quad\quad\quad\quad = 0.08278 + 1$

$\quad\quad\quad\quad = 0.083 + 1$

$\quad\quad\quad\quad = 1.083$

③ $x = 10^{-4.723}$

$\quad = 10^{0.277} \times 10^{-5}$

$\quad = 1.89 \times 10^{-5}$　　　（真数の有効数字 3 桁）

④ $x = 10^{0.072}$

$\quad = 1.18$　　　（真数の有効数字 3 桁）

2-5 データの棄却

　同一試料を分析して得られた測定値のうちのいくつかが，他の値に比べてとびはなれた値（異常値）がある場合，その値を捨ててよいかどうかを検定する。検定の方法には異なる方法がある。系統誤差がある場合，例えば溶液をこぼしたことが明らかな場合など，誤った操作に基づく場合はどんなに他の値と一致していても棄却する。

　a)　Q 検定（Q 値を用いる）
標準偏差の代わりに範囲を用いる。測定数が 3〜5 程度でも可。

手　順

1)　測定値を大きさの順に並べる。
2)　Q 比を次式から求める。

$$Q = \frac{|（疑わしい値）-（最近接値）|}{（範囲）}$$

範囲 ＝（最大値）-（最小値）

3)　95% 信頼限界における N 回測定の棄却係数 Q_0（N）値を表［付表 3 (3)］より求める。

4)　Q 値と Q_0（N）値を比較する。

$Q > Q_0$（N）の場合，異常値は棄却できる。

$Q < Q_0$（N）の場合，異常値は棄却できない。

　b)　Grubbs 検定（G 値を用いる）
標準偏差と平均値を用いる。測定数が 4 程度以上必要。

手　順

(1)　G_{cal} を求める。

$$G_{cal} = \frac{|(\text{疑わしい値})-\bar{x}|}{s}$$

(2) G 値の臨界値［付表 3（4）］よりも大きい場合は疑わしい値を捨てる。小さい場合はそのままとする。

c) 2.5d 法

手 順

(1) 良い結果についての平均偏差（$\bar{d}$）を用いる。

$$\text{平均偏差}(\bar{d}) = \frac{\sum_{i=1}^{i=n}|x_i-\bar{x}|}{n}$$

(2) 良い結果の平均値と疑わしい数値との差を求める。

(3)（2）の差が，良い結果の平均偏差の 2.5 倍以上なら捨て，それ以下であればそのままとする。

例題8 鉄（II）イオンを吸光光度法で測定した結果，次の吸光度が得られた。0.380 の値は棄却できるか。

0.408, 0.407, 0.406, 0.410, 0.380, 0.405

1) 測定値を大きさの順に並べる。

0.410
0.407
0.408
0.406
0.405
0.380

2) Q 比を求める。疑わしい値は 0.380 でその最近接値は 0.405 である。最大値 0.410 と最小値 0.380 の差（範囲）は 0.030 である。

$$Q = \frac{|(0.380) - (0.405)|}{0.410 - 0.380} = \frac{0.025}{0.030} = 0.83$$

3) 測定回数 $N = 6$ において 95% 信頼限界における棄却係数は

$$Q_0(6) = 0.76$$

4）　Q 値と Q_0 値を比較する。

$$Q > Q_0(6) = 0.76$$

なので，0.380 は棄却できる。

問 9　水の硬度を求めるキレート滴定を行った結果，以下の滴定値が得られた。単位は mL である。8.20 mL は棄却できるか。

8.06, 8.20, 8.02, 8.10

解

1）　大きさの順に並べる。

8.20

8.10

8.06

8.02

2）　Q 比を求める。

$$Q = \frac{|8.20 - 8.10|}{8.20 - 8.02} = \frac{0.10}{0.18} = 0.555$$

3）　4 回の測定回数において 95% 信頼限界における棄却係数は

$$Q_0(4) = 1.05$$

4）　Q と Q_0 値をくらべる。

$$Q < Q_0(4) = 1.05$$

であるから，8.20 は棄却できない。

2-6　誤差の伝播

実験の最終の結果は，精密さが異なる幾つかの結果の演算を行って表現されることが多い。最終結果の精密さは以下に示す式から計算できる

1）　足し算，引き算

足し算と引き算からなる演算 a = b+c−d の答えの不確かさは次式で与えられる。

22

$$s_a = \sqrt{s_b^2 + s_c^2 + s_d^2} \tag{1}$$

ただし，s は実験標準偏差である。

2) 掛け算，割り算

掛け算と割り算のみの演算 a ＝ bc/d の答えの不確かさは，相対的不確か
さ $(s)_{rel}$ として表される。

$$(s_a)_{rel} = \sqrt{(s_b^2)_{rel} + (s_c^2)_{rel} + (s_d^2)_{rel}} \tag{2}$$

演算結果 a の不確かさは

$$s_a = (s_a)_{rel} \times (\text{演算値}) \tag{3}$$

3) 指　　数

指数の演算　a ＝ b^c の相対的不確かさは

$$(s_a)_{rel} = c\,(s_b)_{rel} \tag{4}$$

演算結果 a の不確かさは

$$s_a = (s_a)_{rel} \times (\text{演算値}) \tag{5}$$

4) 対　　数

対数　b ＝ 10^a $(\log_{10} b = a)$ の不確かさは

$$s_a = 0.434(s_b)_{rel} \tag{6}$$

例題9　以下の計算の絶対的不確かさを求めなさい。

① $(115.2 \pm 2) + (1085 \pm 8) - (538 \pm 4)$

② $\dfrac{(25.4 \pm 0.5)(1.56 \pm 0.01)}{13.5 \pm 0.2}$

①　足し算，引き算の場合は（1）式から不確かさが求まる。答えの標準偏差
は

$$s_a = \sqrt{(2)^2 + (8)^2 + (4)^2} = \sqrt{84} = 9.17$$

すなわち，1 の位にすでに不確かさを含んでいるので小数点以下の数字は意味を持たない。答えは 662 ± 9 となる。

　　②　掛け算，割り算の場合は，（2）式から答えの相対的不確かさが求まる。この計算では演算

$$\frac{(25.4 \pm 0.5)(1.56 \pm 0.01)}{13.5 \pm 0.2} = 2.935 \pm (?)$$

の答えの標準偏差（?）を求めることになる。

まず，演算子 b, c, d の相対的不確かさを求めるとそれぞれ

$$(s_b)_{\mathrm{rel}} = \frac{0.5}{25.4} = 0.0197$$

$$(s_c)_{\mathrm{rel}} = \frac{0.01}{1.56} = 0.0064$$

$$(s_d)_{\mathrm{rel}} = \frac{0.2}{13.5} = 0.0148$$

となる。（2）式に代入すると，答えの相対的不確かさは

$$\begin{aligned}
(s_a)_{\mathrm{rel}} &= \sqrt{0.0197^2 + 0.0064^2 + 0.0148^2} \\
&= \sqrt{3.9 \times 10^{-4} + 0.4 \times 10^{-4} + 2.2 \times 10^{-4}} \\
&= \sqrt{6.5 \times 10^{-4}} = 2.5 \times 10^{-2}
\end{aligned}$$

となる。不確かさは

$$2.5 \times 10^{-2} \times 2.935 = 0.073$$

であるから，小数点以下 2 桁目に誤差を含む。答えは 2.94 ± 0.07 となる。

例題 10　弱酸の酸解離定数 K_a を測定したところ $(2.3 \pm 0.2) \times 10^{-6}$ であった。$\mathrm{p}K_a$ とその不確かさを求めなさい。ただし，$\mathrm{p}K_a = -\log K_a$ である。

　　K_a の負の対数をとると

$$-\log K_a = -\log[(2.3 \pm 0.2) \times 10^{-6}]$$

ここで　指数 -6 は小数点の位置を決める絶対的な数である。誤差の ± 0.2 を考慮せずに計算すると

$$\mathrm{p}K_\mathrm{a} = 6 - 0.36 = 5.64$$

となる。誤差を考慮すると $5.64 \pm (?)$ の誤差部分を（4）式から計算することになる。相対的誤差は

$$\frac{0.2 \times 10^{-6}}{2.3 \times 10^{-6}} = 0.087$$

であるから，（4）式から計算される答えの不確かさは

$$s_a = 0.434 \times 0.087 = 0.038$$

答えは少数点以下2桁目に誤差を含む。したがって

$$\mathrm{p}K_\mathrm{a} = 5.64 \pm 0.04$$

となる。

問 10 以下の計算をしなさい。

① $(12.4 \pm 0.2) - (2.86 \pm 0.03)$

② $\dfrac{(560 \pm 2) \times (440 \pm 0.5)}{35 \pm 0.2}$

③ $(5.0 \pm 0.4) \times 10^{-4}$ の負の対数

④ イオン積 $K_\mathrm{w} = (1.0 \pm 0.1) \times 10^{-14}$ のとき，中性条件での水素イオン濃度。

解

① 不確かさは

$$s_a = \sqrt{(0.2)^2 + (0.03)^2} = \sqrt{0.04 + 0.0009} = \sqrt{0.0409} = 0.20$$

小数点以下一桁目に誤差を含む。計算結果は，

$$(12.4 \pm 0.2) - (2.86 \pm 0.03) = 9.5 \pm 0.2$$

② $\dfrac{(560 \pm 2) \times (440 \pm 0.5)}{35 \pm 0.2} = 7040 \pm (?)$

まず相対誤差を計算すると

$$(s_b)_{rel} = \frac{2}{560} = 0.00357$$

$$(s_c)_{rel} = \frac{0.5}{440} = 0.00114$$

$$(s_d)_{rel} = \frac{0.2}{35} = 0.00571$$

答えの相対的不確かさは

$$(s_a)_{rel} = \sqrt{0.00357^2 + 0.00114^2 + 0.00571^2}$$
$$= \sqrt{46.64 \times 10^{-6}} = 6.83 \times 10^{-3}$$

絶対的不確かさに直すと

$$7040 \times 0.00683 = 48.1$$

演算の答えは

$$\frac{(560 \pm 2) \times (440 \pm 0.5)}{35 \pm 0.2} = 7040 \pm 48.1 = (70.4 \pm 0.5) \times 10^2$$

③　$-\log\,[(5.0 \pm 0.4) \times 10^{-4}] = 4 - 0.70 = 3.30 \pm (?)$

相対的不確かさは

$$(s_b)_{rel} = \frac{0.4 \times 10^{-4}}{5.0 \times 10^{-4}} = 0.08$$

したがって，答えの不確かさは $s_a = 0.434 \times 0.08 = 0.0347$

$$-\log\,[(5.0 \pm 0.4) \times 10^{-4}] = 3.30 \pm 0.03$$

④　中性条件では $[H^+] = [OH^-]$ なのでは $K_w = [H^+]^2$ となる。したがっ
て $[H^+] = K_w^{1/2}$。

$$[H^+] = [(1.0 \pm 0.1) \times 10^{-14}]^{1/2} = 1.0 \times 10^{-7} \pm (?)$$

答えの相対的不確かさは，(4) 式により

$$(s_a)_{rel} = \frac{1}{2} \times \left(\frac{0.1 \times 10^{-14}}{1.0 \times 10^{-14}}\right) = 0.05$$

不確かさは

$$s_a = 1.0 \times 10^{-7} \times 0.05 = 0.05 \times 10^{-7}$$

となる。答えは

$$[H^+] = 1.0 \times 10^{-7} \pm 0.05 \times 10^{-7} = (1.0 \pm 0.05) \times 10^{-7}$$

2-7 有意差の検定

分析結果には誤差が含まれる。分析値の精密さを検定する F 検定と平均値の間の差を検定する t 検定などがある。

1) F 検定（F-test）

2 つの方法で得られた実験値の実験標準偏差（精度）に有意な差があるかを検定する。

$$F = \frac{s_1^2}{s_2^2} \qquad (s_1 > s_2)$$

s_1 及び s_2 はそれぞれの方法の実験標準偏差である。必ず $F>1$ になるようにする。標準偏差の二乗である s_1^2 および s_2^2 は分散と呼ばれる。

手　順

1) 2 つの方法の実験標準偏差から F 値を計算する。
2) 自由度 ν_1 及び ν_2 における F_0 値（有意水準 95％）を F 分布表［付表 3（2）］から求める。
3) F 値と F_0 値を比較する。
   $F>F_0$ ならば　s_1 と s_2 の間に有意な差がある。
   $F<F_0$ ならば　s_1 と s_2 の間に有意な差はない。

2) t 検定（t-test）

2 つの方法で得られた測定結果の平均値の間に有意な差があるかを検定する。

a) 真の値（μ）が既知の場合

$$t = (\bar{x} - \mu)\frac{\sqrt{N}}{s}$$

ここで $\bar{x}$ は平均値，N は測定回数，s は測定値の実験標準偏差を示す。

b) 平均値の差の検定

$$t = \frac{\bar{x}_1 - \bar{x}_2}{s_p} \sqrt{\frac{N_1 N_2}{N_1 + N_2}}$$

ここで s_p はプールド標準偏差（pooled standard deviation）で

$$s_p = \sqrt{\frac{\sum (x_{1i} - \bar{x}_1) + \sum (x_{2i} - \bar{x}_2)}{N_1 + N_2 - 2}}$$

または

$$s_p = \sqrt{\frac{(N_1 - 1)s_1^2 + (N_2 - 1)s_2^2}{N_1 + N_2 - 2}}$$

で与えられる。N_1 および N_2 はそれぞれの測定回数である。

手　順

1) 2つの方法の精度に有意な差がないことを F 検定により確認する。
2) プールド標準偏差を計算する。
3) t 値を求める。
4) 自由度 $N_1 + N_2 - 2$ における t_0 値（有意水準95%）を t 分布表［付表 3（1）］から求める。
5) t 値と t_0 値を比較する
　$t > t_0$ の場合，平均値 $\bar{x}_1$ と $\bar{x}_2$ の間には有意な差がある。
　$t < t_0$ の場合，平均値 $\bar{x}_1$ と $\bar{x}_2$ の間には有意な差はない。

例題 11　植物葉中の鉛含量を測定する新しい方法を標準法と比較した結果以下の値が得られた。新しい方法はより精密といえるか。

	新法（ppb）	標準法（ppb）
平均値	10.7	10.7
実験標準偏差	1.5	3.2
測定回数	7	8

F 検定により有意な差があるか検討する。

1) F 値を求める。

$$F = \frac{s_1^2}{s_2^2} = \frac{(3.2)^2}{(1.5)^2} = \frac{10.24}{2.25} = 4.5$$

2) 自由度は新法について $7-1 = 6$，標準法については $8-1 = 7$ である。95% 有意水準における F_0 値は $F_0(7, 6) = 4.21$ である。

3) F 値と F_0 値を比べる。

$$F > F_0(7, 6) = 4.21$$

標準法の分散は新法の分散よりも大きいので s_1 と s_2 の間には有意な差がある。すなわち，新法がより精密である。

問 11 　食品を湿式分解して微量のマンガンを原子吸光法で測定する新しい方法を検討した。この新方法を用いて標準試料（NIST Wheat flower）を分析し，その有用性を検討した。得られた結果は以下のようになった。標準試料中の Mn の保証値は 20.0 ppm である。分析値は保証値と一致しているか。

試料 5 個を分析した結果

平均値　　　　　18.9 ppm

実験標準偏差　　0.8 ppm

解

この場合は，真値（保証値）がわかっている場合に相当する。t 値を計算すると

$$t = (\bar{x} - \mu)\frac{\sqrt{N}}{s} = |18.9 - 20.0|\frac{\sqrt{5}}{0.8} = 3.07$$

t 分布表より自由度 4 における t_0 値は $t_0(4, 0.05) = 2.776$ である。

$$t > t_0(4, 0.05) = 2.776$$

したがって，保証値と測定値の間には有意な差がある。

問 12 　天然水中の化学的酸素要求量（COD）測定のための A 法（標準法）と B 法（新法）を比較した。A 法と B 法の平均値の間に有意差はあるか。

A法（mg/L）　　20.3　18.9　21.4　18.0　19.2　23.0

B法（mg/L）　　22.0　18.4　17.0　17.8　16.7　22.0

解

　平均値，偏差平方和および実験標準偏差を両方法について計算するとA法の平均値および偏差平方和はそれぞれ次のようになる。

$$\bar{x}_A = 20.13$$
$$\sum (x_i - \bar{x})^2 = 16.8 \text{ である。}$$

実験標準偏差を求めると

$$s_A = \sqrt{\frac{16.8}{6-1}} = 1.83 \text{ または分散として } s_A^2 = 3.35$$

同様にB法については

$$\bar{x}_B = 19.0$$
$$\sum (x_i - \bar{x})^2 = 29.1$$

実験標準偏差は

$$s_B = \sqrt{\frac{29.1}{6-1}} = 2.41 \text{ または分散として } s_B^2 = 5.81$$

まず，F検定により両方法の精度に有意な差がないことを確認する。

$$F = \frac{5.81}{3.35} = 1.73$$

両方法とも自由度は5である。F分布表より $F_0(5, 5) = 5.05$ である。$F < F_0(5, 5) = 5.05$ であるから，両方法の精度に有意な差はない。

次に，t検定により平均値の間に有意な差があるか検定する。

　プールド標準偏差を求める。

$$s_p = \sqrt{\frac{5 \times 3.35 + 5 \times 5.81}{6 + 6 - 2}} = \sqrt{\frac{16.8 + 29.1}{10}} = 2.14$$

この値を用いてt値をもとめると

$$t = \frac{20.1 - 19.0}{2.14} \sqrt{\frac{6 \times 6}{6 + 6}} = 0.51 \times 1.73 = 0.88$$

自由度10における t_0 値（有意水準95%）は $t_0(10) = 2.228$ である。
$t < t_0(10, 0.05) = 2.228$ であるから両方法の平均値の間に有意な差はない。

3）　対となるデータの検定（paired *t*-test）

　血清，尿など組成がわずかに異なる臨床検査用の試料や生体組織などのように，もともとの試料が均一でない場合，母集団は同一の試料とみなすことができない。このような場合，各試料は二つの異なる方法で 1 回だけ測定されか，あるいは同一試料の反応前後の違いが測定される。対となるデータの *t* 検定では，二つの測定値の差あるいは同一試料の反応前後の差を計算し，以下の式により検定が行われる。すなわち，対となるデータの検定（paired *t*-test）では対となる二つの分析値の間の差の平均値（$\bar{D}$）と二組の測定値の差（D_i）を用いて検定する。

$$t = \frac{\bar{D}}{s_d}\sqrt{N}$$

$$s_d = \sqrt{\frac{\sum(D_i - \bar{D})}{N-1}}$$

問13　マウスの脳スライス断片を用いて，化学刺激前後でのグルタミン酸濃度を測定し，以下の結果を得た。化学刺激前後でのグルタミン酸濃度に有意な差はあるか。

解

刺激前の濃度と刺激後の濃度の"差"を D_i として表を作成する。

測定回数	刺激前（μM）	刺激後（μM）
1	2.9	3.8
2	2.8	4.6
3	1.4	2.9
4	2.6	4.1
5	4.4	4.5

測定回数	D_i	$D_i - \bar{D}$	$(D_i - \bar{D})^2$
1	0.9	-0.3	0.09
2	1.8	0.6	0.36
3	1.5	0.3	0.09
4	1.5	0.3	0.09
5	0.1	-1.1	1.21
	$\bar{D}=1.2$		$\Sigma 1.84$

標準偏差は

$$s_d = \sqrt{\frac{\Sigma(D_i - \bar{D})}{N-1}} = \sqrt{\frac{1.84}{5-1}} = 0.678$$

$$t = \frac{\bar{D}}{s_d}\sqrt{N} = \frac{1.2}{0.678} \times \sqrt{5} = 3.96$$

有意水準 95% において自由度 4 における t_0 は $t_0 = 2.776$ であるから

$$t > t_0$$

となり，有意な差がある。すなわち，グルタミン酸濃度は刺激後のほうが大きい。

3 | 活量，イオン強度及び活量係数

　電解質溶液では，その濃度が高くなるとイオン間の静電的相互作用が増し，イオンの有効な濃度は減少する。一方，希釈された溶液中ではイオンはそれぞれ固有の挙動を示す。

1）　活　　量（activity）

　活量 a_i はイオンの有効濃度を表し，濃度との間には次の関係がある。

$$a_i = f_i C_i$$

ここでは f_i 活量係数（activity coefficient）と呼ばれ，希薄溶液では 1 に近づく。また，C_i はイオン i の濃度である。

2）　イオン強度（ionic strength）

　静電的効果を考慮したイオンの総濃度の尺度である。

$$\mu = \frac{1}{2} \sum C_i z_i^2$$

ここで μ はイオン強度，z_i は各イオンの電荷，C_i は各イオンの濃度である。

3）　活量係数とイオン強度

　Debye-Hückel の理論（1923）によれば，イオンの活量係数はイオン強度に依存する。

$$-\log f_i = \frac{0.51\, z_i^2 \sqrt{\mu}}{1 + 0.33\, \alpha_i \sqrt{\mu}}$$

ここで α_i はイオンサイズパラメーター（単位は Å）と呼ばれる。α_i の値は Kielland によって表にまとめられている（付表 2）。

4)　簡　略　式

多くの一価イオンは $\alpha \fallingdotseq 3$ Å なので，その場合は次式に簡略化できる。

$$-\log f_i = \frac{0.51\,z_i^2\sqrt{\mu}}{1+\sqrt{\mu}}$$

5)　Davies の修正式

イオン強度が 0.1 より大きい場合の活量係数とイオン強度の関係を示す。

$$-\log f_i = \frac{0.51\,z_i^2\sqrt{\mu}}{1+0.33\,\alpha_i\sqrt{\mu}} - 0.10 z_i^2\,\mu$$

6)　平均活量係数

溶液の電荷中性の原理により，反対イオンの濃度を変えることなく単独イオンの濃度を変化させることができない。そのため，活量係数 f_i は実験的には測定できない。したがって，塩の平均活量係数 $f_\pm$ を用いるのが普通である。塩 M_mN_n の平均活量係数は

$$f_\pm{}^{m+n} = f_M{}^m f_N{}^n$$

または

$$f_\pm = \sqrt[m+n]{f_M{}^m f_N{}^n}$$

で表される。

3-1 イオン強度と活量係数

例題1 次の溶液のイオン強度を求めなさい。

① 0.10 mol/L NaCl

② 0.10 mol/L ZnSO₄

③ 0.10 mol/L Na₂SO₄

① $\mu = \frac{1}{2}(C_{Na^+}z_{Na^+}^2 + C_{Cl^-}z_{Cl^-}^2) = \frac{1}{2}[0.1 \times 1^2 + 0.1 \times (-1)^2]$

$= \frac{1}{2}(0.20) = 0.10\,\mathrm{mol/L}$

② $\mu = \frac{1}{2}(C_{Zn^{2+}}z_{Zn^{2+}}^2 + C_{SO_4^{2-}}z_{SO_4^{2-}}^2) = \frac{1}{2}[0.10 \times 2^2 + 0.10 \times (-2)^2]$

$= \frac{1}{2}(0.80) = 0.40\,\mathrm{mol/L}$

③ $\mu = \frac{1}{2}(C_{Na^+}z_{Na^+}^2 + C_{SO_4^{2-}}z_{SO_4^{2-}}^2) = \frac{1}{2}[0.20 \times 1^2 + 0.10 \times (-2)^2]$

$= \frac{1}{2}(0.60) = 0.30\,\mathrm{mol/L}$

①と②の値を比べると分かるように，イオン強度はイオンの電荷に大きく依存する。

例題2 0.10 mol/L KCl 溶液における K⁺及び Cl⁻ イオンの活量係数および平均活量係数を計算しなさい。ただし，イオンサイズパラメーターは $\alpha_{K^+} = 3$ Å，$\alpha_{Cl^-} = 3$ Å である。

0.10 mol/L KCl 溶液のイオン強度は

$$\mu = \frac{1}{2}[0.10 \times 1^2 + 0.10 \times (-1)^2] = 0.10\,\mathrm{mol/L}$$

α_{K^+}およびα_{Cl^-}はともに3Åなので簡略式を用いて計算する。

$$-\log f_{K^+} = \frac{0.51\,z_{K^+}^2\sqrt{\mu}}{1+\sqrt{\mu}} = \frac{0.51 \times 1^2 \times \sqrt{0.10}}{1+\sqrt{0.10}}$$

$$= \frac{0.51 \times 0.316}{1+0.316} = \frac{0.161}{1.316} = 0.122$$

$$f_{K^+} = 10^{-0.122} = 10^{0.878} \times 10^{-1} = 0.755$$

同様に，塩化物イオンについては

$$-\log f_{Cl^-} = \frac{0.51 \times 0.316}{1+0.316} = \frac{0.161}{1.316} = 0.122$$

$$f_{Cl^-} = 10^{0.878} \times 10^{-1} = 0.755$$

KCl の平均活量係数は

$$f_{\pm}^2 = f_{K^+}f_{Cl^-}$$

$$f_{\pm} = \sqrt[2]{f_{K^+} \times f_{Cl^-}} = \sqrt[2]{0.755 \times 0.755} = 0.755$$

問1　次の溶液のイオン強度を計算しなさい。

①　0.20 mol/L KCl

②　0.10 mol/L NaCl ＋0.10 mol/L KCl

③　0.10 mol/L $Al_2(SO_4)_3$

解

①　$\mu = \frac{1}{2}(C_{K^+}z_{K^+}^2 + C_{Cl^-}z_{Cl^-}^2)$

　　$\mu = \frac{1}{2}[0.20 \times 1^2 + 0.2 \times (-1)^2]$

　　$\mu = \frac{1}{2}(0.40) = 0.20\,\mathrm{mol/L}$

②　$\mu = \frac{1}{2}(C_{Na^+}z_{Na^+}^2 + C_{K^+}z_{K^+}^2 + C_{Cl^-}z_{Cl^-}^2)$

$$\mu = \frac{1}{2}[0.10 \times 1^2 + 0.10 \times (1)^2 + 0.20 \times (-1)^2]$$

$$\mu = \frac{1}{2}(0.40) = 0.20\,\mathrm{mol/L}$$

③ $$\mu = \frac{1}{2}\left(C_{Al^{3+}} z_{Al^{3+}}{}^2 + C_{SO_4^{2-}} z_{SO_4^{2-}}{}^2\right)$$

$$\mu = \frac{1}{2}[0.20 \times 3^2 + 0.30 \times (-2)^2]$$

$$\mu = \frac{1}{2}(3.0) = 1.50\,\mathrm{mol/L}$$

3-2 単独イオンおよび平均活量係数

問2 次の溶液中の Cu^{2+} および SO_4^{2-} イオンの活量係数を計算しなさい。ただし，イオンサイズパラメーターは $\alpha_{Cu^{2+}} = 6$ Å，$\alpha_{SO_4^{2-}} = 4$ Å である。

① $1.0 \times 10^{-3}\,\mathrm{mol/L}$ CuSO$_4$

② $1.0\,\mathrm{mol/L}$ NaCl$+1.0 \times 10^{-3}\,\mathrm{mol/L}$ CuSO$_4$

解

イオン強度は

$$\mu = \frac{1}{2}[0.001 \times 2^2 + 0.001 \times (-2)^2] = 0.004\,\mathrm{mol/L}$$

銅イオンのイオンサイズパラメーターは6Åなので次式により活量係数を求める。

$$-\log f_{Cu^{2+}} = \frac{0.51 z_{Cu}{}^2 \sqrt{\mu}}{1 + 0.33\,\alpha_{Cu}\sqrt{\mu}} = \frac{0.51 \times 2^2 \times \sqrt{0.004}}{1 + 0.33 \times 6 \times \sqrt{0.004}}$$

$$-\log f_{Cu^{2+}} = \frac{0.129}{1.125} = 0.115$$

$$f_{Cu^{2+}} = 10^{-0.115} = 10^{0.885} \times 10^{-1} = 0.767$$

$$-\log f_{SO_4^{2-}} = \frac{0.51 z_{SO_4}{}^2 \sqrt{\mu}}{1 + 0.33\,\alpha_{SO_4}\sqrt{\mu}} = \frac{0.51 \times (-2)^2 \times \sqrt{0.004}}{1 + 0.33 \times 4 \times \sqrt{0.004}}$$

$$-\log f_{SO_4^{2-}} = \frac{0.129}{1.083} = 0.119$$

$$f_{SO_4^{2-}} = 10^{-0.119} = 10^{0.881} \times 10^{-1} = 0.760$$

②　NaCl の濃度は $CuSO_4$ にくらべて十分に高いので，イオン強度は事実上 NaCl によってきまる。イオン強度は $\mu = 1.0\,M$ である。Davies の修正式をもちいると

$$-\log f_{Cu^{2+}} = \frac{0.51 \times 2^2 \times \sqrt{1.0}}{1 + 0.33 \times 6 \times \sqrt{1.0}} - 0.10 \times 2^2 \times 1.0 = \frac{2.04}{2.98} - 0.4 = 0.284$$

$$f_{Cu^{2+}} = 10^{-0.284} = 10^{0.716} \times 10^{-1} = 0.520$$

同様に　$f_{SO_4^{2-}} = 10^{-0.479} = 0^{0.521} \times 10^{-1} = 0.332$

問3　次の溶液中の各物質の平均活量係数を計算しなさい。ただし，イオンサイズパラメーターは $\alpha_{Zn^{2+}} = 6\,Å$，$\alpha_{H^+} = 9\,Å$，$\alpha_{Cl^-} = 3\,Å$ である。

①　0.001 mol/L $ZnCl_2$

②　0.01 mol/L HCl

解

①　この溶液のイオン強度は

$$\mu = \frac{1}{2}[0.001 \times 2^2 + 0.002 \times (-1)^2] = \frac{1}{2}(0.006) = 0.003$$

各イオンの活量係数は，それぞれ

$$-\log f_{Zn^{2+}} = \frac{0.51 z_{Zn}^2 \sqrt{\mu}}{1 + 0.33 \alpha_{Zn} \sqrt{\mu}} = \frac{0.51 \times 2^2 \times \sqrt{0.003}}{1 + 0.33 \times 6 \times \sqrt{0.003}}$$

$$= \frac{0.112}{1.108} = 0.101$$

$$f_{Zn^{2+}} = 10^{-0.101} = 10^{0.899} \times 10^{-1} = 0.792$$

$$-\log f_{Cl^-} = \frac{0.51 z_{Cl}^2 \sqrt{\mu}}{1 + \sqrt{\mu}} = \frac{0.51 \times 1^2 \times \sqrt{0.003}}{1 + \sqrt{0.003}}$$

$$= \frac{0.028}{1.055} = 0.026$$

$$f_{Cl^-} = 10^{-0.026} = 10^{0.974} \times 10^{-1} = 0.942$$

となる。$ZnCl_2$ の平均活量係数は

$$f_{\pm}^3 = f_{Zn^{2+}} f_{Cl^-}^2$$

で与えられるので

$$f_{\pm} = \sqrt[3]{f_{Zn^{2+}} f_{Cl^-}^2} = \sqrt[3]{0.792 \times (0.942)^2} = 0.889$$

② イオン強度は

$$\mu = \frac{1}{2}[0.01 \times 1^2 + 0.01 \times (-1)^2] = \frac{1}{2}(0.02) = 0.01$$

各イオンの活量係数は，それぞれ

$$-\log f_{H^+} = \frac{0.51 z_{H^+}^2 \sqrt{\mu}}{1 + 0.33\, \alpha_{H^+} \sqrt{\mu}} = \frac{0.51 \times 1^2 \times \sqrt{0.01}}{1 + 0.33 \times 9 \times \sqrt{0.01}}$$

$$= \frac{0.051}{1.297} = 0.039$$

$$f_{H^+} = 10^{-0.039} = 10^{0.961} \times 10^{-1} = 0.914$$

$$-\log f_{Cl^-} = \frac{0.51 z_{Cl^-}^2 \sqrt{\mu}}{1 + \sqrt{\mu}} = \frac{0.51 \times 1^2 \times \sqrt{0.01}}{1 + \sqrt{0.01}}$$

$$= \frac{0.051}{1.1} = 0.046$$

$$f_{Cl^-} = 10^{-0.046} = 10^{0.954} \times 10^{-1} = 0.899$$

となる。HCl の平均活量係数は

$$f_{\pm}^2 = f_{H^+} f_{Cl^-}$$

で定義される。平均活量係数は

$$f_{\pm} = \sqrt[2]{f_{H^+} f_{Cl^-}} = \sqrt[2]{0.914 \times 0.899} = 0.906$$

となる。

3-3　熱力学的平衡定数と濃度平衡定数

　前述のように，溶液中のイオンは共存する他のイオンによって影響をうけ，有効濃度はイオン強度に依存する。そのため平衡定数は活量によって表すことが必要である。熱力学的平衡定数 K_{sp}^0 は活量によって表現され，活量係数と濃度との積 $a_i=f_iC_i$ によって濃度平衡定数と関係づけられる。熱力学的平衡定数は，実測した濃度平衡定数 K_{sp} からイオン強度ゼロに外挿して求められることが多い。イオン強度ゼロでは $K_{sp}=K_{sp}^0$ である。

例題3　次の反応の熱力学的平衡定数 K^0 と濃度平衡定数 K を書き、両者の関係を活量係数を用いて表しなさい。

　溶液中のイオンの有効濃度はイオン強度によって変わる。次の化学反応について

$$A \ + \ B \ = \ C \ + \ D$$

無限希釈にまで外挿（$\mu=0$）した場合の平衡定数，すなわち熱力学的平衡定数 K^0 は，

$$K^0 = \frac{a_C a_D}{a_A a_B}$$

で表わされる。ここで a はそれぞれの化学種の活量を示す。活量と濃度の関係 $a_i=f_iC_i$ を代入すると

$$K^0 = \frac{f_C[C]f_D[D]}{f_A[A]f_B[B]} = \frac{f_C f_D}{f_A f_B} \times \frac{[C][D]}{[A][B]}$$

濃度平衡定数 K は

$$K = \frac{[C][D]}{[A][B]}$$

であるから，

$$K^0 = \frac{f_C f_D}{f_A f_B} K$$

の関係が得られる。活量係数の大きさはイオン強度に依存するので，濃度平衡定数の大きさもイオン強度で変化する。

問4 酢酸 CH_3COOH の熱力学的酸解離定数は $K^0 = 1.7 \times 10^{-5}$ である。$\mu = 0.10$ における CH_3COO^- イオンの活量係数を 0.80，H^+ イオンの活量係数を 0.90 として，濃度平衡定数 K を計算しなさい。

解

酢酸を HA として表すと，次のように電離する。

$$HA = H^+ + A^-$$

濃度平衡定数と熱力学平衡定数の間には

$$K^0 = \frac{f_{H^+} f_{A^-}}{f_{HA}} K$$

の関係がある。中性分子 HA の活量係数は $f_{HA} = 1$ であるから

$$K^0 = f_{H^+} f_{A^-} K$$

K^0 および活量係数の値を代入すると

$$K = \frac{K^0}{f_{H^+} f_{A^-}} = \frac{1.7 \times 10^{-5}}{0.90 \times 0.80} = 2.4 \times 10^{-5}$$

となる。

問5 イオン強度が高くなると弱酸 HA の酸解離平衡は右に移動することを示しなさい。

$$HA = H^+ + A^- \tag{1}$$

解

解離反応の熱力学的平衡定数を K^0，濃度平衡定数を K とすると両者の間には次の関係がある。

$$K^0 = \frac{f_{H^+} f_{A^-}}{f_{HA}} K$$

中性分子 HA の活量係数は $f_{HA} = 1$ であるから

$$K^0 = f_{H^+} f_{A^-} K$$

である。すなわち

$$K = \frac{K^0}{f_{H^+} f_{A^-}}$$

イオン強度が高くなると，H^+ および A^- イオンの活量係数は小さくなる。すなわち，濃度平衡定数は大きくなり，（1）式の解離平衡は右に移動する。

イオン強度と平衡定数

コラム　　海水には高濃度の塩化ナトリウムが含まれており，イオン強度は $I = 0.70\,mol/L$ である。海水中の平衡反応を考察する際に，化学実験で一般的なイオン強度 $I = 0.10\,mol/L$ で求めた平衡定数を使用すると結果が異なる。また，イオン強度が高いので Davies の補正式の範囲外である。実験的に求められている平衡定数をイオン強度に対してプロットし，内挿によってイオン強度 $I = 0.70\,mol/L$ の値を推定することも行われる。海水に限らず，一般に，純水中よりも，塩が共存する溶液中の酸および金属錯体の平衡はより解離する側に傾いている。

4 | 酸塩基平衡

4-1 | 平衡濃度の計算

　化学反応式は化学反応にかかわるイオン，分子の化学量論的（stoichio-metic）な関係を表す。化学反応が起きると，物質の濃度は最初に加えた濃度（初濃度または分析濃度と呼ぶ）から変化して，反応の平衡では，異なる濃度（平衡濃度）になる。前述 3-3 のように平衡の取り扱いでは濃度と活量を使い分ける必要がある。しかし，以下の 4 酸塩基平衡，5 沈殿平衡，6 錯形成平衡では，活量係数は 1 と仮定して扱うことで煩雑さをさけることにする。

| 例題 1 | 酢酸（HA）濃度が $0.01\,\mathrm{mol/L}$ のとき，$\mu = 0.10\,\mathrm{mol/L}$ における HA の解離度（％）を求めなさい。イオン強度 $0.10\,\mathrm{mol/L}$ における解離定数の値は $K = 2.4 \times 10^{-5}$ である。

解

	HA	H^+	A^-
初濃度	0.10	0	0
変化分	$-x$	x	x
平衡濃度	$0.10-x$	x	x

濃度平衡定数の式に平衡濃度を代入すると

$$\frac{x \times x}{0.10 - x} = 2.4 \times 10^{-5}$$

$x \ll 0.10$ と考えられるので

$$\frac{x \times x}{0.10} = 2.4 \times 10^{-5}$$

$$x^2 = 2.4 \times 10^{-6}$$

$$x = 1.5 \times 10^{-3}$$

検算：1.5×10^{-3} は 0.10 に対して十分に小さいので上記の仮定は成り立つ。

HA の解離度（%）は

$$解離度 = \frac{1.5 \times 10^{-3}}{0.10} \times 100 = 1.5\%$$

となる。

問1

① 弱酸 HA の 0.10 mol/L 溶液がある。溶液中の H^+ 及び A^- の平衡濃度を計算しなさい。ただし，解離定数は $K_a = 2.0 \times 10^{-5}$ である

② ①の溶液に NaA をあらかじめ 0.20 mol/L になるように加えた場合，H^+ 及び A^- の平衡濃度はいくらか。

解

① H^+ と A^- の平衡濃度は未知なので x とおくと，平衡における HA の濃度は，初濃度から x を差し引いたものとなる。

	HA	H^+	A^-
初濃度	0.10	0	0
変化分	$-x$	x	x
平衡濃度	$0.10-x$	x	x

$$K_a = \frac{[H^+][A^-]}{[HA]} = 2.0 \times 10^{-5}$$

K_a が小さいので，x は 0.10 に対して無視できる。

$$K_a = \frac{x \times x}{0.10 - x} \cong \frac{x^2}{0.10} = 2.0 \times 10^{-5}$$
$$x^2 = 2.0 \times 10^{-6}$$

x について解くと，$x = \pm 1.4 \times 10^{-3}$ mol/L となるが，濃度がマイナスの値をとることはないので負の値は解ではない。x の値は 0.10 より十分小さいので上記の仮定は成り立つ。

② 溶液中に A^- があらかじめ 0.20 mol/L 含まれている。

	HA	H^+	A^-
初濃度	0.10	0	0.20
変化分	$-x$	x	x
平衡濃度	$0.10-x$	x	$0.20+x$

x は小さいと考えられるので，HA の平衡濃度は 0.10，A^- の平衡濃度は 0.20 と近似できる。

したがって

$$K_a = \frac{x \times 0.20}{0.10} = \frac{0.20x}{0.10} = 2.0 \times 10^{-5}$$

x について解くと，$x = 1.0 \times 10^{-5}$ mol/L となる。①と比べると，H^+ の濃度は共通イオン効果により約 100 分の 1 に減少したことになる。

4-2 物質収支と電荷均衡

1) 物質収支（mass balance）

系に加えられた物質は化学反応によって形が変わっても，その総和は加えた量に同じでなければならないことを示す。

2) 電荷均衡（charge balance）

電気中性の原理（electroneutrality principle）とも呼ばれ，溶液中の正電荷の総和と負電荷の総和は等しくなければならないことに基づく。

物質収支と電荷均衡は化学平衡の定量的取り扱いにおいて基礎となる化学量論的関係である。

例題2 濃度が C_a である HCN 水溶液について物質収支と電荷均衡を示しなさい。

解

HCN の水溶液では次の平衡が成り立っている。

$$HCN = H^+ + CN^-$$
$$H_2O = H^+ + OH^-$$

したがってシアン化物の物質収支は

$$C_a = [HCN] + [CN^-]$$

溶液中の陽イオンは H^+ だけであり，陰イオンは CN^- と OH^- である。したがって電荷均衡は

$$[H^+] = [OH^-] + [CN^-]$$

例題3 次の水溶液の物質収支及び電荷均衡を示しなさい。

① HCl （0.10 mol/L）
② NH₄Cl （0.10 mol/L）

解

① 水溶液では次の平衡が成り立っている。

$$HCl = H^+ + Cl^- （完全解離）$$
$$H_2O = H^+ + OH^-$$

物質収支　　0.10 mol/L $= [H^+] = [Cl^-]$

電荷均衡　　$[H^+] = [Cl^-] + [OH^-]$

② NH₄Cl は強電解質で完全解離し，次の平衡が成り立っている。

$$NH_4Cl = NH_4^+ + Cl^- （完全解離）$$
$$NH_4^+ = NH_3 + H^+$$
$$H_2O = H^+ + OH^-$$

化学種 NH₄Cl は事実上存在しないのでその濃度はゼロとする。

物質収支　　0.10 mol/L $= [NH_3] + [NH_4^+]$

電荷均衡　　　$[H^+] + [NH_4^+] = [OH^-] + [Cl^-]$

問2　次の溶液（濃度 C）の物質収支と電荷均衡を示しなさい。

① HNO_3

② H_2S

③ H_3PO_4

解

① 質量均衡　$C = [NO_3^-]$

　　電荷均衡　$[H^+] = [NO_3^-] + [OH^-]$

② 質量均衡　$C = [H_2S] + [HS^-] + [S^{2-}]$

　　電荷均衡　$[H^+] = [HS^-] + 2[S^{2-}] + [OH^-]$

③ 質量均衡　$C = [H_3PO_4] + [H_2PO_4^-] + [HPO_4^{2-}] + [PO_4^{3-}]$

　　電荷均衡　$[H^+] = [OH^-] + [H_2PO_4^-] + 2[HPO_4^{2-}] + 3[PO_4^{3-}]$

問3　全濃度が C_b の CH_3COONa の水溶液について物質収支と電荷均衡を示しなさい。

解

CH_3COONa は強電解質で完全解離する。

$$CH_3COONa = CH_3COO^- + Na^+ \quad （完全解離）$$

したがって　$C_b = [Na^+]$

CH_3COO^- イオンは弱塩基として次のような平衡にある。

$$CH_3COO^- + H_2O = CH_3COOH + OH^-$$

また，水の解離平衡によって

$$H_2O = H^+ + OH^-$$

したがって質量均衡は

$$C_b = [CH_3COO^-] + [CH_3COOH]$$

電荷均衡は

$$[H^+] + [Na^+] = [CH_3COO^-] + [OH^-]$$

または

$$[\text{H}^+] + \text{C}_\text{b} = [\text{CH}_3\text{COO}^-] + [\text{OH}^-]$$

となる。

4-3　pH の計算

水溶液の pH を計算するための基本式及び簡略式を以下に示す。

$$\text{強　酸}\qquad \text{pH} = -\log \text{C}_\text{A} \tag{1}$$

$$\text{弱　酸}\qquad \text{pH} = \frac{1}{2}(\text{p}K_\text{a} - \log \text{C}_\text{A}) \tag{2}$$

$$\text{弱塩基}\qquad \text{pH} = 7 + \frac{1}{2}\text{p}K_\text{a} + \frac{1}{2}\log \text{C}_\text{B} \tag{3}$$

$$\text{強塩基}\qquad \text{pH} = 14 + \log \text{C}_\text{B} \tag{4}$$

$$\text{緩衝溶液}\qquad \text{pH} = \text{p}K_\text{a} + \log \frac{\text{C}_\text{B}}{\text{C}_\text{A}} \tag{5}$$

$$\text{両性塩}\qquad \text{pH} = \frac{1}{2}(\text{p}K_\text{a1} + \text{p}K_\text{a2}) \tag{6}$$

$$\text{弱酸の塩}\qquad [\text{OH}^-] = \sqrt{\frac{K_\text{w}\text{C}_\text{A}^-}{K_\text{a}}} \tag{7}$$

$$\text{弱塩基の塩}\qquad [\text{H}^+] = \sqrt{K_\text{a}C_\text{B+}} \tag{8}$$

　簡略式を用いて pH の計算をする際には，計算結果が簡略式を導く際に用いた仮定を満足していることを確認する必要がある。(7) 式を変形すると (3) 式に，(8) 式は (2) 式になることにも注意せよ。

4-3-1 強酸と強塩基

例題 4 水の自己プロトリシス定数は 25℃ において $K_w = 1.0 \times 10^{-14}$ である。次の溶液中の H^+ イオン濃度を求めなさい。

①　$1.0 \times 10^{-3} \, \text{mol/L HCl}$

②　$1.0 \times 10^{-3} \, \text{mol/L NaOH}$

① 塩酸は完全解離であるから

$$[H^+] = 1.0 \times 10^{-3} \, \text{mol/L}$$

水の解離による水素イオン濃度 $[H^+] = 1.0 \times 10^{-7} \, \text{mol/L}$ は十分に小さいので無視できる。

② 水酸化ナトリウムは完全解離するから OH^- イオンの濃度は

$$[OH^-] = 1.0 \times 10^{-3} \, \text{mol/L}$$

水の解離によって生成する OH^- イオンの濃度は無視できる。

ゆえに　$[H^+] = \dfrac{K_w}{[OH^-]}$ より

$$[H^+] = \frac{1.0 \times 10^{-14}}{1.0 \times 10^{-3}} = 1.0 \times 10^{-11} \, \text{mol/L}$$

 問 4　$2.0 \times 10^{-7} \, \text{mol/L HCl}$ 水溶液の pH を求めなさい。

酸濃度が薄いので水の解離を考慮する必要がある。

$$HCl = H^+ + Cl^- \quad (完全解離)$$

$$H_2O = H^+ + OH^- \qquad K_w = 1.0 \times 10^{-14}$$

電荷均衡から

$$[H^+] = [OH^-] + [Cl^-]$$

ここで HCl は完全解離するので，$[Cl^-] = 2.0 \times 10^{-7} \, \text{mol/L}$ である。

$[OH^-] = K_w / [H^+]$ であるから

$$[H^+] = \frac{K_w}{[H^+]} + 2.0 \times 10^{-7}$$

整理すると

$$[H^+]^2 - 2.0 \times 10^{-7}\,[H^+] - 1.0 \times 10^{-14} = 0$$

H^+ について二次方程式を解くと，解の公式から

$$[H^+] = \frac{2.0 \times 10^{-7} \pm \sqrt{4.0 \times 10^{-14} + 4.0 \times 10^{-14}}}{2}$$

$$[H^+] = \frac{2.0 \times 10^{-7} \pm \sqrt{8 \times 10^{-14}}}{2} = \frac{2.0 \times 10^{-7} \pm 2.8 \times 10^{-7}}{2}$$

$$= 2.4 \times 10^{-7} \quad \text{or} \quad -0.4 \times 10^{-7}$$

水素イオン濃度が負の値をとることはない。したがって $[H^+] = 2.4 \times 10^{-7}\,\mathrm{mol/L}$ となる。

$$pH = 6.62$$

4-3-2 弱酸と弱塩基

例題5 分析濃度が C_A である弱酸 HA の水溶液の pH を求める簡略式を導出しなさい。

弱酸 HA の水溶液では次の平衡が成り立つ。

$$HA = H^+ + A^-$$

$$K_a = [H^+][A^-] / [HA] \tag{1}$$

$$H_2O = H^+ + OH^-$$

$$K_w = [H^+][OH^-] \tag{2}$$

弱酸の物質収支から

$$C_a = [HA] + [A^-] \tag{3}$$

電荷均衡から

$$[H^+] = [A^-] + [OH^-] \tag{4}$$

(4) 式から A⁻ の濃度は

$$[A^-] = [H^+] - [OH^-] \tag{5}$$

(5) 式を (3) 式に代入すると，HA の濃度が求まる。

$$[HA] = C_a - ([H^+] - [OH^-]) \tag{6}$$

(5) 及び (6) 式を (1) 式に代入すると

$$K_a = \frac{[H^+]([H^+] - [OH^-])}{C_a - ([H^+] - [OH^-])} \tag{7}$$

もし，$[H^+] \gg [OH^-]$ であれば

$$K_a = \frac{[H^+]^2}{C_a - [H^+]} \tag{8}$$

さらに，$C_a \gg [H^+]$ であれば

$$K_a = \frac{[H^+]^2}{C_a} \tag{9}$$

に近似できる。したがって

$$[H^+] = \sqrt{K_a C_a} \tag{10}$$

または，両辺の負の対数をとって pH に直すと

$$pH = \frac{1}{2}(pK_a - \log C_a) \tag{11}$$

となる。

例題6 次の水溶液の pH を計算しなさい。ただし，K_a は酸解離定数（酸性度定数）を，K_b は塩基解離定数（塩基度定数）を表す。

① 0.10 mol/L 酢酸　　$K_a = 2.0 \times 10^{-5}$

② 1.0×10^{-2} mol/L NH₃　　$K_b = 1.7 \times 10^{-5}$

① $[H^+] \gg [OH^-]$ 及び $C_A \gg [H^+]$ を仮定して p.47 の簡略式 (2) を用いる。

$$pH = \frac{1}{2}(-\log 2.0 \times 10^{-5} - \log 0.10) = \frac{1}{2}(5 - 0.30 + 1) = 2.85$$

$[H^+] = 10^{-2.85} = 10^{0.15} \times 10^{-3} = 1.41 \times 10^{-3}$ であり最初の仮定を満足している。

② $[OH^-] \gg [H^+]$ 及び $C_b \gg [OH^-]$ を仮定して p.47 の簡略式 (3) を用いる。

$K_w = K_a K_b$ であるから

$$K_a = \frac{1.0 \times 10^{-14}}{1.7 \times 10^{-5}} = 5.88 \times 10^{-10}$$

したがって $pK_a = 9.23$

$$pH = 7 + \frac{1}{2}pK_a + \frac{1}{2}\log C_b = 7 + \frac{1}{2} \times 9.23 + \frac{1}{2}\log 1.0 \times 10^{-2}$$

$$pH = 7 + 4.62 - 1 = 10.62$$

問5 次の水溶液の pH を計算しなさい。

① 0.10 mol/L クロロ酢酸（ClCH$_2$COOH） $K_a = 1.5 \times 10^{-3}$

② 1.0×10^{-3} mol/L ジエチルアミン $K_b = 2.5 \times 10^{-4}$

③ 0.10 mol/L NH$_4$NO$_3$ $K_a = 5.88 \times 10^{-10}$

解

① $pH = \dfrac{1}{2}(pK_a - \log C_A) = \dfrac{1}{2}(-\log 1.5 \times 10^{-3} - \log 10^{-1})$

$$pH = \frac{1}{2}(3 - 0.176 + 1) = 1.91$$

② $K_w = K_a K_b$ から，ジエチルアミンの $K_a = 4.0 \times 10^{-11}$

$$pH = 7 + \frac{1}{2}pK_a + \frac{1}{2}\log C_B = 7 + \frac{1}{2} \times 10.4 + \frac{1}{2} \times (-3) = 10.7$$

③ NO_3^- は pH に無関係である。NH_4^+ は弱酸であるから，弱酸の簡略式 (2) を用いる。

$$pH = \frac{1}{2}(-\log 5.88 \times 10^{-10}) - \frac{1}{2}\log 10^{-1} = \frac{1}{2}(9.23) + 0.50 = 5.12$$

NH_4NO_3 は強酸と弱塩基の正塩であるから，溶液は酸性を示す。

問6 分析濃度が C_B である弱塩基 B について pH を求める簡略式を導出し

なさい。

解

弱塩基 B の水溶液では次の平衡が成り立つ。

$$B + H_2O = BH^+ + OH^-$$

$$K_b = \frac{[BH^+][OH^-]}{[B]} \tag{1}$$

$$H_2O = H^+ + OH^-$$

$$K_w = [H^+][OH^-] \tag{2}$$

物質収支から

$$C_B = [B] + [BH^+] \tag{3}$$

電荷均衡から

$$[OH^-] = [BH^+] + [H^+] \tag{4}$$

(4) 式から BH$^+$ の濃度は

$$[BH^+] = [OH^-] - [H^+] \tag{5}$$

(5) 式を (3) 式に代入すると，B の濃度が求まる。

$$[B] = C_B - ([OH^-] - [H^+]) \tag{6}$$

(5) 及び (6) 式を (1) 式に代入すると

$$K_b = \frac{([OH^-] - [H^+])[OH^-]}{C_B - ([OH^-] - [H^+])} \tag{7}$$

もし，$[OH^-] \gg [H^+]$ であれば

$$K_b = \frac{[OH^-]^2}{C_B - [OH^-]} \tag{8}$$

に簡略化できる。さらに，$C_B \gg [OH^-]$ であれば

$$K_b = \frac{[OH^-]^2}{C_B} \tag{9}$$

と近似できる。したがって

$$[OH^-] = \sqrt{K_b C_B} \tag{10}$$

平衡定数 K_b のかわりに酸解離定数 K_a で表すと

$$K_a = \frac{[H^+][B]}{[BH^+]} \tag{11}$$

K_a は K_b と次のように関係づけられる。分母と分子に $[OH^-]$ を掛けても値は変わらない。

$$K_a = \frac{[H^+][B][OH^-]}{[BH^+][OH^-]}$$

$$= [H^+][OH^-] \times \frac{[B]}{[BH^+][OH^-]}$$

$$= K_w \times \frac{1}{K_b}$$

すなわち

$$K_w = K_a K_b \qquad\qquad (12)$$

(10) 式に (12) 式及び (2) 式を代入して整理すると

$$\frac{K_w}{[H^+]} = \sqrt{\frac{K_w}{K_a} C_B}$$

$$\frac{1}{[H^+]} = \frac{K_w^{1/2}}{K_w K_a^{1/2}} C_B^{1/2} = K_w^{-1/2} K_a^{-1/2} C_B^{1/2}$$

$K_w = 1.0 \times 10^{-14}$ として両辺の対数をとり整理すると

$$pH = 7 + \frac{1}{2} pK_a + \frac{1}{2} \log C_B \qquad\qquad (13)$$

問7 酢酸ナトリウムの水溶液では次の平衡が成り立つ。

$$CH_3COONa = CH_3COO^- + Na^+ （完全解離） \qquad (1)$$

$$CH_3COO^- + H_2O = CH_3COOH + OH^- \qquad (2)$$

① 酢酸の酸解離定数を $K_a = 2.0 \times 10^{-5}$ としたとき，(2) 式の平衡定数を求めなさい。

② 0.10 mol/L 酢酸ナトリウム水溶液の pH を計算しなさい。

解

① 酸解離定数は

$$K_a = \frac{[CH_3COO^-][H^+]}{[CH_3COOH]} = 2.0 \times 10^{-5}$$

(2) 式の平衡定数は

$$K_b = \frac{[CH_3COOH][OH^-]}{[CH_3COO^-]}$$

分母と分子に $[H^+]$ を掛けると

$$K_b = \frac{[CH_3COOH][OH^-][H^+]}{[CH_3COO^-][H^+]}$$

$$= \frac{[CH_3COOH]K_w}{[CH_3COO^-][H^+]} = \frac{K_w}{K_a}$$

$$= \frac{1.0 \times 10^{-14}}{2.0 \times 10^{-5}} = 5.0 \times 10^{-10}$$

② $\quad pH = 7 + \frac{1}{2}(-\log 2.0 \times 10^{-5}) + \frac{1}{2}\log 0.10$

$$pH = 7 + \frac{1}{2}(5 - 0.30) - 0.50 = 8.85$$

4-3-3 緩衝溶液

濃度 C_A の弱酸 HA と濃度 C_B の弱塩基 NaA を含む混合溶液の pH を計算するための式を物質収支と電荷均衡に基づいて導くことができる。

混合溶液では次の平衡が成り立っている。

$$HA = H^+ + A^- \tag{1}$$

$$NaA = Na^+ + A^- \;(完全解離) \tag{2}$$

$$H_2O = H^+ + OH^- \tag{3}$$

(1) 式の平衡定数は

$$K_a = \frac{[H^+][A^-]}{[HA]} \tag{4}$$

A についての物質収支は

$$C_A + C_B = [HA] + [A^-] \tag{5}$$

$$C_B = [Na^+] \tag{6}$$

電荷均衡は

$$[H^+] + [Na^+] = [A^-] + [OH^-] \tag{7}$$

または $\quad [H^+] + C_B = [A^-] + [OH^-] \tag{8}$

(8) 式から A^- の濃度を求めると

$$[A^-] = C_B + [H^+] - [OH^-] \tag{9}$$

(5) 式に代入すると

$$C_A = [HA] + [H^+] - [OH^-]$$

$$[HA] = C_A - ([H^+] - [OH^-]) \tag{10}$$

(9) 及び (10) 式を (4) 式に代入すると

$$K_a = \frac{[H^+](C_B + [H^+] - [OH^-])}{C_A - ([H^+] - [OH^-])} \tag{11}$$

もし，$[H^+] \gg [OH^-]$ ならば，

$$K_a = \frac{[H^+](C_B + [H^+])}{C_A - [H^+]} \tag{12}$$

さらに，$C_A \gg [H^+]$, $C_B \gg [H^+]$ であれば

$$K_a = \frac{[H^+]C_B}{C_A} \tag{13}$$

pH に直すと

$$pH = pK_a + \log \frac{C_B}{C_A} \tag{14}$$

となる。

例題7　0.20 mol/L 酢酸 25 mL と 0.20 mol/L 酢酸ナトリウム 15 mL とを混合した溶液の pH はいくらか。酢酸の酸解離定数は $pK_a = 4.7$ である。

　弱酸とその共役な塩基の混合（緩衝）溶液なので

$$pH = pK_a + \log \frac{C_B}{C_A}$$

を用いて計算する。対数の中は比なので溶液の体積は考慮しなくてよい。物質量 (mol) を求めると

　　酢酸の物質量　　　0.20 mmol/mL × 25 mL = 5.0 mmol

酢酸イオンの物質量　$0.20\,\text{mmol/mL} \times 15\,\text{mL} = 3.0\,\text{mmol}$

$$\text{pH} = 4.7 + \log\frac{3.0}{5.0} = 4.7 + \log 0.6 = 4.5$$

問8　次の混合溶液の pH を計算しなさい。

① 　$0.10\,\text{mol/L}$ 酢酸 $25\,\text{mL}$ ＋$0.10\,\text{mol/L}$ 酢酸ナトリウム $15\,\text{mL}$

② 　$0.20\,\text{mol/L}$ 酢酸 $40\,\text{mL}$ ＋$0.20\,\text{mol/L}$ 酢酸ナトリウム $60\,\text{mL}$

解

① 　酢酸の物質量　　　$0.10\,\text{mmol/L} \times 25\,\text{mL} = 2.5\,\text{mmol}$

酢酸イオンの物質量　$0.10\,\text{mmol/mL} \times 15\,\text{mL} = 1.5\,\text{mmol}$

$$\text{pH} = 4.7 + \log\frac{1.5}{2.5} = 4.7 + \log 0.6 = 4.5$$

例題の結果と比べると分かるように，緩衝溶液の pH は物質量比によってきまり，濃度に依存しない。

② 　酢酸の物質量　　　$0.20\,\text{mmol/mL} \times 40\,\text{mL} = 8.0\,\text{mmol}$

酢酸イオンの物質量　$0.20\,\text{mmol/mL} \times 60\,\text{mL} = 12\,\text{mmol}$

$$\text{pH} = 4.7 + \log\frac{12}{8.0} = 4.7 + \log 1.5 = 4.9$$

問9　$0.50\,\text{mol/L}$ 酢酸と $0.50\,\text{mol/L}$ 酢酸ナトリウムス水溶液から pH4.3 の緩衝溶液 $100\,\text{mL}$ を調製したい。両水溶液の混合比をいくらにすればよいか。

解

$$\text{pH} = \text{p}K_\text{a} + \log\frac{C_\text{B}}{C_\text{A}}$$ をもとにして

次式の対数の中の比を求めればよい。

$$4.3 = 4.7 + \log \frac{C_B}{C_A}$$

$$\log \frac{C_B}{C_A} = -0.4$$

したがって

$$\frac{C_B}{C_A} = 10^{-0.4} = 0.40$$

酢酸と酢酸ナトリウムを物質量(mol)の比で 2.5:1 になるように混合すればよい。いま酢酸と酢酸ナトリウム水溶液の濃度は同じであるから,酢酸 71.4 mL と酢酸ナトリウム水溶液 28.6 mL に混合して 100 mL にすればよい。

問 10 最終の酢酸イオン濃度が 0.20 mol/L で,pH が 5.0 の酢酸塩緩衝溶液を 200 mL 調製したい。100% 酢酸(密度 1.05 g/cm³)何 mL と何グラムの酢酸ナトリウムが必要か。

解

CH_3COO^- イオンの最終濃度は 0.20 mol/L であるから必要な物質量は

$$0.20 \text{ mmol/mL} \times 200 \text{ mL} = 40 \text{ mmol}$$

CH_3COONa のモル質量は 82.05 g/mol であるから

$$40 \text{ mmol} \times 82.05 \text{ mg/mmol} = 3282 \text{ mg}$$

すなわち 3.282 g の CH_3COONa が必要である。酢酸濃度は以下のように求める。pH5.0 の緩衝溶液を調製したいのだから

$$pH = pK_a + \log \frac{C_B}{C_A}$$

$$5.0 = 4.8 + \log \frac{[CH_3COO^-]}{[CH_3COOH]}$$

$$\log \frac{[CH_3COO^-]}{[CH_3COOH]} = 0.20$$

$$\frac{[CH_3COO^-]}{[CH_3COOH]} = 10^{0.20} = 1.58$$

CH_3COO^- の最終濃度は 0.20 mol/L であるから,CH_3COOH は

$$[CH_3COOH] = \frac{0.20}{1.58} = 0.126 \, mol/L$$

になればよい。必要な CH_3COOH の物質量（mol）は

$$0.126 \, mmol/mL \times 200 \, mL = 25.2 \, mmol$$

100% 酢酸の 1 mL の質量は 1.05 g で，酢酸のモル質量は 60.05 g/mol であるから，100% 酢酸 1 mL には

$$\frac{1.05 \, g}{60.05 \, g/mol} = 0.0175 \, mol$$

の酢酸が含まれている。したがって

$$\frac{25.2 \, mmol}{17.5 \, mmo/mL} = 1.44 \, mL$$

必要である。

4-3-4　両 性 塩

例題 8　両性塩 NaHA の水溶液の pH を求める簡略式を導出しなさい。

　NaHA は完全解離して Na^+ と HA^- になる。HA^- は酸としても塩基としても働く。

酸としては

$$HA^- = H^+ + A^{2-} \tag{1}$$

塩基としては

$$HA^- + H^+ = H_2A \tag{2}$$

（1）式と（2）式を足し合わせると

$$2HA^- = H_2A + A^{2-} \tag{3}$$

（1）式及び（2）式の平衡定数は，H_2A の逐次酸解離定数 k_1 と k_2 から

$$k_2 = \frac{[H^+][A^{2-}]}{[HA^-]} \tag{4}$$

$$\frac{1}{k_1} = \frac{[H_2A]}{[HA^-][H^+]} \tag{5}$$

したがって

$$k_1 k_2 = \frac{[H^+]^2 [A^{2-}]}{[H_2A]} \tag{6}$$

(3) 式により，HA^- の 2 モルから，H_2A 1 モルと A^{2-} 1 モルが生成するので

$$[H_2A] = [A^{2-}] \tag{7}$$

(7) の関係を (6) 式に代入すると

$$k_1 k_2 = [H^+]^2 \tag{8}$$

$$[H^+] = \sqrt{k_1 k_2} \tag{9}$$

$$pH = \frac{1}{2}(pk_1 + pk_2) \tag{10}$$

となる。両性塩の水溶液の pH は塩の濃度によらず一定の値を示す。

問11 次の水溶液の pH を計算しなさい。

① 0.010 mol/L NaHCO₃

　　ただし，$k_{a1}=4.3\times10^{-7}$　$k_{a2}=4.8\times10^{-11}$

② 0.10 mol/L Na₂HPO₄

　　ただし，$k_{a1}=1.1\times10^{-2}$, $k_{a2}=7.5\times10^{-8}$, $k_{a3}=4.8\times10^{-13}$

③ 0.10 M Na₂H₂Y （H₄Y＝EDTA）

　　ただし，$k_{a1}=1.0\times10^{-2}$, $k_{a2}=2.2\times10^{-3}$, $k_{a3}=6.9\times10^{-7}$, $k_{a4}=5.5\times10^{-11}$

解

① NaHCO₃ は両性塩である。溶液の pH はその濃度に依存しない。

$$2HCO_3^- = H_2CO_3 + CO_3^{2-}$$

関係する平衡定数は k_{a1} と k_{a2} で，$pk_{a1}=6.37$，$pk_{a2}=10.32$ である。

$$pH = \frac{1}{2}(6.37 + 10.32) = 8.34$$

② Na₂HPO₄ は両性塩で酸としても塩基としても働く。

$$2HPO_4^{2-} = H_2PO_4^- + PO_4^{3-}$$

関係する平衡定数は k_{a2} と k_{a3} である。負の対数として表すと $pk_{a2}=7.12$，$pk_{a3}=12.3$

$$\mathrm{pH} = \frac{1}{2}(7.12 + 12.3) = 9.71$$

③ $\mathrm{Na_2H_2Y}$ は次のような両性塩である。

$$2\mathrm{H_2Y^{2-}} = \mathrm{H_3Y^-} + \mathrm{HY^{3-}}$$

関係する平衡定数は，k_{a2} と k_{a3} である。

$$\mathrm{p}k_{a2} = 2.66, \ \mathrm{p}k_{a3} = 6.16$$

$$\mathrm{pH} = \frac{1}{2}(2.66 + 6.16) = 4.41$$

4-4 酸塩基滴定

例題 9 0.10 mol/L HCl 20 mL を水で希釈して 100 mL とし，0.10 mol/L NaOH で滴定した。滴定曲線を作成しなさい。

解

強酸を強塩基で滴定するときの反応は

$$\mathrm{H^+} + \mathrm{OH^-} = \mathrm{H_2O}$$

$[\mathrm{H^+}]$ の計算式を次に示す。

当量点以前：残存する $\mathrm{H^+}$ の物質量＝(最初に存在する $\mathrm{H^+}$ の物質量)－(加えた強塩基の物質量)。この値をそのときの体積で割ると $\mathrm{H^+}$ の濃度が求まる。

当量点：$[\mathrm{H^+}]=[\mathrm{OH^-}]$ の関係が成り立つ。水の自己プロトリシス定数から計算する。

$$[\mathrm{H^+}] = \sqrt{K_w} = 1.0 \times 10^{-7}\,\mathrm{mol/L}$$

当量点以降：(過剰に加えた $\mathrm{OH^-}$ の物質量)－(最初に存在する $\mathrm{H^+}$ の物質量)

$$\mathrm{pH} = 14 + \log[\mathrm{OH^-}]$$

滴定率 （%）	NaOH 溶液 の滴下量 （mL）	滴下した NaOH の物質 量（mmol）	残 H⁺ の物質 量（mmol）	体積 （mL）	H⁺濃度 （mol/L）	pH
0	0	0	2.0	100	0.020	1.70
10	1	0.1	1.9	101	0.019	1.72
20	2	0.2	1.8	102	0.018	1.74
⋮	⋮	⋮	⋮	⋮	⋮	⋮

滴定曲線の作成は表計算ソフト Excel を用いて作成すると容易に描ける。Excel で計算，グラフにした滴定曲線をしめす。

問 12　0.01 mol/L　CH₃COOH 水溶液 10 ml を 0.01 mol/L NaOH 水溶液で滴定した。以下の条件における pH を計算しなさい。酢酸の酸解離定数は $K_a = 1.58 \times 10^{-5}$（$pK_a = 4.8$）である。

① 滴定前

② 0.01 mol/L NaOH を 2 mL 加えた点

③ 0.01 mol/L NaOH を 5 mL 加えた点

④ 当量点

⑤ 0.01 mol/L NaOH を 15 mL 加えた点

解

① 弱酸の pH を求める公式から

$$\mathrm{pH} = \frac{1}{2}\,pK_a - \frac{1}{2}\log C = \frac{1}{2} \times 4.8 - \frac{1}{2}\log 0.01 = 2.4 + 1 = 3.4$$

② CH₃COOH と CH₃COO⁻ が共存する緩衝溶液となる。生成する CH₃COO⁻ イオンの物質量は加えた NaOH の物質量に等しい。したがって

CH₃COO⁻ の物質量 ＝ 0.01 mmol/mL × 2 mL ＝ 0.02 mmol

残りの CH₃COOH の物質量 ＝ 0.01 mmol/mL × 10 mL － 0.02 mmol
＝ 0.08 mmol

緩衝溶液の pH を求める公式から

$$\mathrm{pH} = pK_a + \log \frac{[\mathrm{CH_3COO^-}]}{[\mathrm{CH_3COOH}]} = 4.8 + \log \frac{0.02}{0.08} = 4.8 - 0.60 = 4.2$$

62

溶液の体積は 12 mL であるが，対数の中は比であるので体積を考慮しなくてよい。

③　CH_3COOH と CH_3COO^- が等量存在する緩衝溶液である。

$$pH = pK_a + \log \frac{[CH_3COO^-]}{[CH_3COOH]} = 4.8 + \log 1 = 4.8$$

④　当量点では酢酸の全てが CH_3COO^- となる。すなわち弱酸の塩の溶液となる。当量点での体積は 20 mL であることを考慮すると酢酸イオンの濃度は

$$[CH_3COO^-] = 5.0 \times 10^{-3}\,mol/L$$

弱酸の塩の溶液の pH を求める公式から，

$$[OH^-] = \sqrt{\frac{K_w}{K_a}C_{A^-}} = \sqrt{\frac{1.0 \times 10^{-14}}{1.58 \times 10^{-5}} \times 5.0 \times 10^{-3}}$$

$$= \sqrt{3.16 \times 10^{-12}} = 1.78 \times 10^{-6}\,mol/L$$

水素イオン濃度は

$$[H^+] = \frac{1.0 \times 10^{-14}}{1.78 \times 10^{-6}} = 5.62 \times 10^{-9}\,mol/L$$

であるから，pH = 8.25 となる。

⑤　過剰の OH^- が存在する。

過剰の OH^- の物質量

$= 0.01\,mmol/mL \times 15\,mL - 0.01\,mmol/mL \times 10\,mL = 0.05\,mmol$

この物質量の OH^- が 25 mL 中にあるのだから濃度は $2.0 \times 10^{-3}\,mol/L$ である。水素イオン濃度は

$$[H^+] = \frac{K_w}{[OH^-]} = \frac{1.0 \times 10^{-14}}{2.0 \times 10^{-3}} = 5.0 \times 10^{-12}$$

従って pH = 11.3 である。

問13　フェノールフタレイン（HIn と略記）は弱酸で $pK_a = 8.70$ である。HIn は無色で，In^- は赤色を呈する。目視で赤色を識別できるのは濃度が $1.0 \times 10^{-5}\,mol/L$ のときとする。

①　フェノールフタレイン濃度が $C_{In} = 2.0 \times 10^{-4}\,mol/L$ のとき，変色が識別できる pH はいくらか。

②　$C_{In} = 2.0 \times 10^{-3}\,mol/L$ のとき変色が識別できる pH はいくらか。

解

① 指示薬の酸解離定数は

$$K_a = \frac{[\text{In}^-][\text{H}^+]}{[\text{HIn}]}$$

指示薬の物質収支は

$$C_{\text{In}} = [\text{HIn}] + [\text{In}^-]$$

$$C_{\text{In}} = [\text{In}^-]\left(\frac{[\text{HIn}]}{[\text{In}^-]} + 1\right) = [\text{In}^-]\left(\frac{[\text{H}^+]}{K_a} + 1\right)$$

整理すると

$$[\text{H}^+] = \frac{K_a(C_{\text{In}} - [\text{In}^-])}{[\text{In}^-]}$$

いま，$C_{\text{In}} = 2.0 \times 10^{-4}\,\text{mol/L}$ であり，指示薬の色を識別できる濃度は $[\text{In}^-] = 1.0 \times 10^{-5}\,\text{mol/L}$ であるから，これらの数値を代入すると

$$[\text{H}^+] = \frac{2.0 \times 10^{-9} \times (2.0 \times 10^{-4} - 1.0 \times 10^{-5})}{1.0 \times 10^{-5}} = 3.8 \times 10^{-8}\,\text{mol/L}$$

したがって pH7.42 で変色が識別できる。

② ①と同様に計算すると

$$[\text{H}^+] = \frac{2.0 \times 10^{-9} \times (2.0 \times 10^{-3} - 1.0 \times 10^{-5})}{1.0 \times 10^{-5}} = 3.98 \times 10^{-7}\,\text{mol/L}$$

pH6.40 で変色が識別できる。

　フェノールフタレインの濃度が異なると変色を識別できる pH は変わる。強酸-強塩基の滴定の当量点は pH7.0 であるから，指示薬濃度は $C_{\text{In}} = 2.0 \times 10^{-4}\,\text{mol/L}$ 程度とし，加えすぎても，少なすぎても誤差が大きくなる。

問 14　0.010 mol/L CH₃COOH 水溶液 10 mL に 0.05 mol/L フノールフタレインを 2 滴（0.06 mL）加え，水で 50 mL とした。この溶液を 0.010 mol/L NaOH 水溶液で滴定した。

① 滴定の当量点における水素イオン濃度を求めなさい。

② 指示薬の色が識別できる水素イオン濃度を求めなさい。ただし，変色が識別できるフェノールフタレインアニオン（In⁻）の濃度は $1.0 \times 10^{-5}\,\text{mol/L}$ とする。

③ 滴定の誤差を計算しなさい。

解

① 当量点では CH₃COONa が存在する。当量点での濃度は

$$\frac{0.010 \times 10}{60} = 1.67 \times 10^{-3} \, mol/L$$

$$[OH^-] = \sqrt{\frac{K_w}{K_a} C_{A^-}} = \sqrt{\frac{1.0 \times 10^{-14}}{1.58 \times 10^{-5}} \times 1.67 \times 10^{-3}}$$

$$= \sqrt{1.06 \times 10^{-12}} = 1.03 \times 10^{-6} \, mol/L$$

$$[H^+]_{eq} = 0.97 \times 10^{-8} \, mol/L \, (pH \, 8.01)$$

② フェノールフタレインの酸解離定数，$K_a = 2.0 \times 10^{-9}$，$C_{In} = 5.0 \times 10^{-5}$ mol/L を用いると

$$[H^+] = \frac{2.0 \times 10^{-9} \times (5.0 \times 10^{-5} - 1.0 \times 10^{-5})}{1.0 \times 10^{-5}} = 8.0 \times 10^{-9} \, mol/L$$

したがって pH 8.1 で変色が識別できる。

③ $[H^+] = 8.0 \times 10^{-9}$ mol/L で変色が識別でき，そのとき（終点）の OH⁻ 濃度は $[OH^-] = 1.25 \times 10^{-6}$ mol/L である。CH₃COONa の加水分解に由来する $[OH^-]$ の寄与（①で計算）を差し引くと，当量点を越えて加えた $[OH^-]$ 濃度になる。

$$1.25 \times 10^{-6} - 1.03 \times 10^{-6} = 0.22 \times 10^{-6} \, mmol/mL$$

当量点での体積は 60 mL なので，過剰な OH⁻ の物質量は

$$0.22 \times 10^{-6} \, mmol/mL \times 60 \, mL = 1.32 \times 10^{-5} \, mmol$$

一方，当量点まで必要な OH⁻ の物質量は

$$0.010 \, mmol/mL \times 10 \, mL = 0.10 \, mmol$$

したがって相対誤差は

$$\frac{1.32 \times 10^{-5} \, mmol}{0.10 \, mmol} \times 100 = 0.01\%$$

5 | 沈殿平衡

　沈殿（固相）と溶液（液相）との間に平衡が成り立っている飽和溶液での平衡は次式で表される。

$$\mathrm{MX(固)} = \mathrm{M^+} + \mathrm{X^-}$$

二相間平衡定数は $K_{sp} = [\mathrm{M^+}][\mathrm{X^-}]$ と表され，K_{sp} は溶解度積（solubility product）と呼ばれる。イオンの濃度の積が溶解度積を超えると溶液から沈殿が析出する。

$$[\mathrm{M^+}][\mathrm{X^-}] < K_{sp} \quad 沈殿は析出しない。$$
$$[\mathrm{M^+}][\mathrm{X^-}] = K_{sp} \quad 飽和溶液$$
$$[\mathrm{M^+}][\mathrm{X^-}] > K_{sp} \quad 沈殿が析出する。$$

5-1　溶解度と溶解度積

例題 1　次の沈殿の溶解度積を書きなさい。

① AgBr

② CaC₂O₄　（シュウ酸カルシウム）

③ Cr(OH)₃

① 次の沈殿平衡が成り立っている。

$$\mathrm{AgCl} = \mathrm{Ag^+} + \mathrm{Br^-}$$

溶解度積は

$$K_{sp} = [\mathrm{Ag^+}][\mathrm{Br^-}]$$

② $\mathrm{CaC_2O_4} = \mathrm{Ca^{2+}} + \mathrm{C_2O_4^{2-}}$

$$K_{sp} = [\mathrm{Ca^{2+}}][\mathrm{C_2O_4^{2-}}]$$

66

③ $Cr(OH)_3 = Cr^{3+} + 3OH^-$

  $K_{sp} = [Cr^{3+}][OH^-]^3$

例題2 次の溶液のモル溶解度と溶解度積の関係を示しなさい。

① CdS

② Ag_2CrO_4

① 次の沈殿平衡が成り立つ。

   $CdS = Cd^{2+} + S^{2-}$

 溶解度積は

   $K_{sp} = [Cd^{2+}][S^{2-}]$

モル溶解度 s は s＝$[Cd^{2+}]$＝$[S^{2-}]$ であるから溶解度積に代入すると

   $K_{sp} = s \times s = s^2$

したがって s＝$\sqrt{K_{sp}}$

② 沈殿平衡は

   $Ag_2CrO_4 = 2Ag^+ + CrO_4^{2-}$

   $K_{sp} = [Ag^+]^2[CrO_4^{2-}]$

この沈殿平衡では $[Ag^+]＝2[CrO_4^{2-}]$ の関係が成り立つ。

モル溶解度 s は s＝$[CrO_4^{2-}]$＝$1/2[Ag^+]$

   $K_{sp} = (2s)^2 \times s = 4s^3$

   $s = \sqrt[3]{\dfrac{K_{sp}}{4}}$

例題3 $BaSO_4$ の溶解度積は $K_{sp}=1.5\times10^{-9}$ である。

① $BaSO_4$ 飽和溶液の Ba^{2+} と SO_4^{2-} のモル溶解度を求めなさい。

② ①の溶液に Ba^{2+} が 1.0×10^{-2} mol/L だけ過剰に存在するときの濃度を求めなさい。

① 溶解度積は $K_{sp}=[Ba^{2+}][SO_4^{2-}]=1.5\times10^{-9}$ である。

モル溶解度は $s=[Ba^{2+}]=[SO_4^{2-}]$ であるから

$$K_{sp}=s\times s=s^2$$

$$s=\sqrt{K_{sp}}=\sqrt{1.5\times10^{-9}}=3.87\times10^{-5}\,\mathrm{mol/L}$$

② あらかじめ 1.0×10^{-2} M の Ba^{2+} が存在するので

$$K_{sp}=1.0\times10^{-2}[SO_4^{2-}]=1.5\times10^{-9}$$

$$[SO_4^{2-}]=\frac{1.5\times10^{-9}}{1.0\times10^{-2}}=1.5\times10^{-7}\,\mathrm{mol/L}$$

① に比べて SO_4^{2-} の濃度は約 200 分の 1 に低下した。これは，過剰の Ba^{2+} が存在するためである。

問1 次の沈殿の溶解度積を書きなさい。

① ZnS

② Ag_2S

③ $Al(OH)_3$

解

① $ZnS = Zn^{2+} + S^{2-}$

$K_{sp} = [Zn^{2+}][S^{2-}]$

② $Ag_2S = 2Ag^+ + S^{2-}$

$K_{sp} = [Ag^+]^2[S^{2-}]$

③ $Al(OH)_3 = Al^{3+} + 3OH^-$

$K_{sp} = [Al^{3+}][OH^-]^3$

68

問2 次の沈殿のモル溶解度と溶解度積の関係を示しなさい。

① $CaSO_4$

② PbI_2

③ Hg_2Cl_2

解

① $CaSO_4 = Ca^{2+} + SO_4^{2-}$

$K_{sp} = [Ca^{2+}][SO_4^{2-}]$

溶解度 s は s = $[Ca^{2+}] = [SO_4^{2-}]$

$K_{sp} = s \times s = s^2$

$s = \sqrt{K_{sp}}$

② $PbI_2 = Pb^{2+} + 2I^-$

$K_{sp} = [Pb^{2+}][I^-]^2$

s = $[Pb^{2+}]$ 及び $2[Pb^{2+}] = [I^-]$

$K_{sp} = s \times (2s)^2 = 4s^3$

$s = \sqrt[3]{\dfrac{K_{sp}}{4}}$

③ $Hg_2Cl_2 = Hg_2^{2+} + 2Cl^-$

水溶液中では水銀（I）は二量体として存在する

$K_{sp} = [Hg_2^{2+}][Cl^-]^2$

s = $[Hg_2^{2+}]$ 及び $2[Hg_2^{2+}] = [Cl^-]$

$K_{sp} = s \times (2s)^2 = 4s^3$

$s = \sqrt[3]{\dfrac{K_{sp}}{4}}$

問3 塩化銀の溶解度積は $K_{sp}=1.0\times10^{-10}$ である。

① AgCl 飽和溶液の Ag^+ と Cl^- のモル溶解度を求めなさい。

② ①の溶液に Ag^+ が 1.0×10^{-3} mol/L だけ過剰に存在するとき Cl^- 濃度はいくらか。

③ Cl^- の濃度が 1.0×10^{-5} mol/L の水溶液がある。この溶液から塩化銀が沈殿し始めるときの Ag^+ 濃度を求めなさい。

解

① 溶解度積は $K_{sp} = [Ag^+][Cl^-] = 1.0 \times 10^{-10}$ である。
モル溶解度は $s = [Ag^+] = [Cl^-]$ であるから

$$K_{sp} = s \times s = s^2$$
$$s = \sqrt{K_{sp}} = \sqrt{1.0 \times 10^{-10}} = 1.0 \times 10^{-5} \, \text{mol/L}$$

② 1.0×10^{-3} mol/L の Ag^+ が過剰に存在するので

$$K_{sp} = 1.0 \times 10^{-3} \, [Cl^-] = 1.0 \times 10^{-10}$$
$$[Cl^-] = \frac{1.0 \times 10^{-10}}{1.0 \times 10^{-3}} = 1.0 \times 10^{-7} \, \text{mol/L}$$

③ 沈殿するための条件は

$$[Ag^+][Cl^-] > K_{sp} = 1.0 \times 10^{-10}$$

したがって

$$[Ag^+] \times 1.0 \times 10^{-5} > 1.0 \times 10^{-10}$$
$$[Ag^+] > 1.0 \times 10^{-5} \, \text{mol/L}$$

問 4 1.0×10^{-3} mol/L Na_2SO_4 溶液 20 mL に 1.0×10^{-2} mol/L $BaCl_2$ 溶液 20 mL を加えた。溶液中に残存している SO_4^{2-} イオン濃度を求めなさい。$BaSO_4$ の溶解度積は $K_{sp} = [Ba^{2+}][SO_4^{2-}] = 1.5 \times 10^{-9}$ とする。

解

過剰な Ba^{2+} イオンの物質量は（加えた Ba^{2+} の物質量）－（沈殿形成に使われた Ba^{2+} の物質量）

であるから

$$1.0 \times 10^{-2} \, \text{mmol/mL} \times 20 \, \text{mL} - 1.0 \times 10^{-3} \, \text{mmol/mL} \times 20 \, \text{mL} =$$
$$2.0 \times 10^{-1} - 2.0 \times 10^{-2} \, \text{mmol} = 1.8 \times 10^{-4} \, \text{mol}$$

いま，全体積は 40 mL なので，過剰の Ba^{2+} イオンの濃度は

$$1.8 \times 10^{-4} \times \frac{1000}{40} = 4.5 \times 10^{-3}\,\mathrm{mol/L}$$

溶解度積の式に代入すると

$$4.5 \times 10^{-3}\,[\mathrm{SO_4^{2-}}] = 1.5 \times 10^{-9}$$

したがって残存している $\mathrm{SO_4^{2-}}$ は

$$[\mathrm{SO_4^{2-}}] = \frac{1.5 \times 10^{-9}}{4.5 \times 10^{-3}} = 3.3 \times 10^{-7}\,\mathrm{mol/L}$$

となる。

問5 $1.0 \times 10^{-3}\,\mathrm{mol/L}$ の $\mathrm{Fe^{3+}}$ を含む溶液がある。$\mathrm{Fe(OH)_3}$ の沈殿が生成し始める pH を求めなさい。$\mathrm{Fe(OH)_3}$ の溶解度積は $K_{\mathrm{sp}} = [\mathrm{Fe^{3+}}][\mathrm{OH^-}]^3 = 6 \times 10^{-38}$ とする。

解

$\mathrm{Fe(OH)_3}$ が沈殿し始める条件は

$$[\mathrm{Fe^{3+}}][\mathrm{OH^-}]^3 > 10^{-37.2}$$

$$1.0 \times 10^{-3}\,[\mathrm{OH^-}]^3 > 10^{-37.2}$$

$$[\mathrm{OH^-}]^3 > \frac{10^{-37.2}}{1.0 \times 10^{-3}} = 10^{-34.2}$$

対数をとると

$$3 \log\,[\mathrm{OH^-}] = -34.2$$

$$\log\,[\mathrm{OH^-}] = -11.4$$

水の自己プロトリシス定数は $K_{\mathrm{w}} = [\mathrm{H^+}][\mathrm{OH^-}] = 1.0 \times 10^{-14}$ である。対数をとると $\log\,[\mathrm{H^+}] + \log\,[\mathrm{OH^-}] = -14$ であるから上記の値を代入すると

$$\log\,[\mathrm{H^+}] - 11.4 = -14$$

$$\log\,[\mathrm{H^+}] = -2.6$$

$$\mathrm{pH} = 2.6$$

pH が 2.6 より高くなると $\mathrm{Fe(OH)_3}$ が沈殿し始める。

問6 $\mathrm{Fe^{3+}}$ と $\mathrm{Fe^{2+}}$ がそれぞれ $1.0 \times 10^{-3}\,\mathrm{mol/L}$ 含まれている酸性混合溶液がある。いま，$\mathrm{Fe^{3+}}$ だけを水酸化物として沈殿させたい。溶液の pH 値をい

くらにすればよいか。適切な pH 範囲を示しなさい。ただし，水酸化鉄
(III) の 溶解度積 は $K_{sp}(1)=6.0\times10^{-38}$，水酸化鉄（II）の溶解度積
$K_{sp}(2)=1.8\times10^{-15}$ とする。

解

Fe(OH)$_3$ は問 5 で計算したように pH2.6 より高いと沈殿する。一方，Fe(OH)$_2$
が沈殿し始める条件は

$$[Fe^{3+}][OH^-]^2 > 10^{-14.74}$$

$$1.0 \times 10^{-3} [OH^-]^2 > 10^{-14.74}$$

$$[OH^-]^2 > \frac{10^{-14.74}}{1.0\times10^{-3}} = 10^{-11.74}$$

対数をとると

$$2\log [OH^-] = -11.74$$

$$\log [OH^-] = -5.87$$

水の自己プロトリシス定数を考慮して

$$\log [H^+] -5.87 = -14$$

$$\log [H^+] = -8.13$$

従って pH が 8.1 より高くなると Fe (OH)$_2$ が沈殿しはじめる。したがって，水
溶液の pH は 2.6 から 8.1 の範囲にすればよい。

問7 2.0×10^{-3} mol/L の Cl$^-$ と I$^-$ を含む混合溶液がある。硝酸銀を加え
て沈殿を形成させる。ただし，$K_{AgI}=8.3\times10^{-17}$，$K_{AgCl}=1.0\times10^{-10}$ である。
① I$^-$ イオンの 99.9% が沈殿したとき Cl$^-$ は沈殿するか。
② Cl$^-$ が沈殿し始めるとき，溶液に残存する I$^-$ の濃度はいくらか。

解

99.9% の AgI が沈殿したとき溶液に残存する I$^-$ の濃度は

$$2.0 \times 10^{-3} \times \frac{1}{1,000} = 2.0 \times 10^{-6} \, mol/L$$

そのときの Ag$^+$ 濃度はヨウ化銀の溶解度積から

$$[Ag^+] \times 2.0 \times 10^{-6} = 8.3 \times 10^{-17}$$

$$[Ag^+] = \frac{8.3 \times 10^{-17}}{2.0 \times 10^{-6}} = 4.15 \times 10^{-11}$$

この濃度の Ag^+ が溶存するとき，Ag^+ と Cl^- の濃度の積は

$$4.15 \times 10^{-11} \times 2.0 \times 10^{-3} = 8.3 \times 10^{-14} < K_{sp} = 1.0 \times 10^{-10}$$

となり，塩化銀の溶解度積より小さいので Cl^- はまだ沈殿しない。

② AgCl が沈殿し始めるときの Ag^+ 濃度は溶解度積から

$$[Ag^+] \times 2.0 \times 10^{-3} = 1.0 \times 10^{-10}$$

$$[Ag^+] = 5.0 \times 10^{-8}\,mol/L$$

Ag^+ がこの濃度を超えると AgCl の沈殿が析出する。そのときの I^- 濃度は

$$5.0 \times 10^{-8} \times [I^-] = 8.3 \times 10^{-17}$$

$$[I^-] = 1.66 \times 10^{-9}\,mol/L$$

AgCl が沈殿し始めるとき溶液中に残存する I^- 濃度は $1.66 \times 10^{-9}\,mol/L$ となる。

5-2 溶解度と pH

例題4 硫化亜鉛（II）ZnS の溶解度積は次式で示される。硫化亜鉛（II）のモル溶解度は酸性度によってどのように変わるか。

$$K_{sp} = [Zn^{2+}][S^{2-}]$$

解

ZnS の一部が水に溶解すると亜鉛イオンと硫化物イオンとに解離して存在する。硫化物イオンは溶液の酸性度によって異なる化学形として存在する。すなわち，次のような酸解離平衡がある。

$$H_2S = H^+ + HS^- \tag{1}$$

$$HS^- = H^+ + S^{2-} \tag{2}$$

そのため硫化亜鉛のモル溶解度は溶液の酸性度に依存する。見かけのモル溶解度 s′ として表すと

$$s' = [Zn^{2+}] = [S^{2-}] + [HS^-] + [H_2S] \tag{3}$$

$$s' = [Zn^{2+}] = [S^{2-}]\left(1 + \frac{[HS^-]}{[S^{2-}]} + \frac{[H_2S]}{[S^{2-}]}\right) \tag{4}$$

硫化水素 H_2S の逐次酸解離定数は次式であるから

$$k_1 = \frac{[H^+][HS^-]}{[H_2S]} \tag{5}$$

$$k_2 = \frac{[H^+][S^{2-}]}{[HS^-]} \tag{6}$$

これらの関係を（4）式に代入すると

$$s' = [Zn^{2+}] = [S^{2-}]\left(1 + \frac{[H^+]}{k_2} + \frac{[H^+]^2}{k_1 k_2}\right) \tag{7}$$

すなわち見かけのモル溶解度は，水素イオン濃度に依存して変わる。

　i)　十分に高い $pH(pH > pk_2)$：　右辺カッコ内の第2項及び第3項は1に対して十分小さく無視できる。

$$s' = [Zn^{2+}] = [S^{2-}] \tag{8}$$
$$(s')^2 = K_{sp}$$
$$s' = \sqrt{K_{sp}} \tag{9}$$

　ii)　$pk_1 < pH < pk_2$：　カッコ内の第1項と第3項が無視できる。

$$s' = [Zn^{2+}] = \frac{[S^{2-}][H^+]}{k_2} \tag{10}$$

両辺に $[Zn^{2+}]$ を掛けると

$$(s')^2 = [Zn^{2+}]^2 = [Zn^{2+}][S^{2-}]\frac{[H^+]}{k_2} = K_{sp}\frac{[H^+]}{k_2}$$

$$s' = \sqrt{\frac{K_{sp}}{k_2}} \times [H^+]^{1/2} \tag{11}$$

　iii)　十分に低い $pH(pH < pk_1)$：　カッコ内第1項と第2項が無視できる。

$$(s')^2 = [Zn^{2+}]^2 = [Zn^{2+}][S^{2-}]\frac{[H^+]^2}{k_1 k_2}$$

$$(s')^2 = [Zn^{2+}]^2 = K_{sp}\frac{[H^+]^2}{k_1 k_2}$$

$$s' = \sqrt{\frac{K_{sp}}{k_1 k_2}} \times [H^+] \tag{12}$$

問8　次の条件におけるシュウ酸カルシウムの溶解度を計算しなさい。

① pH7.0

② pH4.0

シュウ酸カルシウムの溶解度積は $K_{sp} = [Ca^{2+}][C_2O_4^{2-}] = 2.6 \times 10^{-9}$ とする。また，シュウ酸の酸解離定数は $k_1 = 6.5 \times 10^{-2}$，$k_2 = 6.1 \times 10^{-5}$ である。

解

シュウ酸は二塩基酸であるから，例題 (4) 式と同様に，見かけの溶解度は pH に依存する。見かけの溶解度は

$$s' = [Ca^{2+}] = [C_2O_4^{2-}]\left(1 + \frac{[H^+]}{k_2} + \frac{[H^+]^2}{k_1 k_2}\right)$$

シュウ酸の酸解離定数を代入すると

$$s' = [Ca^{2+}] = [C_2O_4^{2-}]\left(1 + \frac{[H^+]}{6.1 \times 10^{-5}} + \frac{[H^+]^2}{6.5 \times 10^{-2} \times 6.1 \times 10^{-5}}\right)$$

$$s' = [Ca^{2+}] = [C_2O_4^{2-}]\left(1 + \frac{[H^+]}{6.1 \times 10^{-5}} + \frac{[H^+]^2}{3.97 \times 10^{-6}}\right)$$

両辺に $[Ca^{2+}]$ をかけて整理すると

$$s'[Ca^{2+}] = [Ca^{2+}][C_2O_4^{2-}]\left(1 + \frac{[H^+]}{6.1 \times 10^{-5}} + \frac{[H^+]^2}{3.97 \times 10^{-6}}\right)$$

$$(s')^2 = K_{sp}(1 + 1.64 \times 10^4[H^+] + 2.52 \times 10^5[H^+]^2)$$

i) pH7.0ではカッコ内の第2, 3項は1に比べて十分小さくなり無視できる。

$$(s')^2 = K_{sp}$$

$$s' = \sqrt{2.6 \times 10^{-9}} = 5.1 \times 10^{-5}\,\text{mol/L}$$

ii) pH4.0ではカッコ内の第3項は他に比べて無視できる。

$$(s')^2 = K_{sp}(1 + 1.64 \times 10^4[H^+]) = 2.6 \times 10^{-9}(1 + 1.64 \times 10^4 \times 10^{-4.0})$$

$$(s') = 2.6 \times 10^{-9}(1 + 1.64) = 6.86 \times 10^{-9}$$

$$s' = \sqrt{6.86 \times 10^{-9}} = 8.3 \times 10^{-5}\,\text{mol/L}$$

問9 pH1.0における硫酸バリウムの溶解度を求めなさい。ただし，$BaSO_4$ の溶解度積は $K_{sp} = 1.5 \times 10^{-9}$，硫酸の酸解離の第一段目は完全解離，第2段目の酸解離定数は $k_2 = 1.2 \times 10^{-2}$ とする。

解

　硫酸バリウムの一部が溶解してバリウムイオンと硫酸イオンとになる。硫酸イオンには酸解離平衡がある。第1段階の解離は完全解離なので化学種 H_2SO_4 の濃度は無視できる。見かけの溶解度は

$$s' = [Ba^{2+}] = [SO_4^{2-}] + [HSO_4^-]$$

$$s' = [Ba^{2+}] = [SO_4^{2-}]\left(1 + \frac{[HSO_4^-]}{[SO_4^{2-}]}\right)$$

酸解離定数を用いると

$$s' = [Ba^{2+}] = [SO_4^{2-}]\left(1 + \frac{[H^+]}{k_2}\right)$$

両辺に $[Ba^{2+}]$ を掛けると

$$(s')^2 = [Ba^{2+}]^2 = [Ba^{2+}][SO_4^{2-}]\left(1 + \frac{[H^+]}{k_2}\right)$$

$$(s')^2 = K_{sp}\left(1 + \frac{[H^+]}{k_2}\right)$$

pH1.0 では

$$(s')^2 = 1.5 \times 10^{-9}\left(1 + \frac{10^{-1}}{1.2 \times 10^{-2}}\right) = 1.5 \times 10^{-9} \times 9.33$$

$$s' = \sqrt{1.4 \times 10^{-8}} = 1.18 \times 10^{-4}\,mol/L$$

5-3　溶解度とイオン強度

例題5　沈殿 MX について，熱力学的溶解度積 K°_{sp} と濃度溶解度積 K_{sp} の関係を示しなさい。

解

　沈殿 MX の溶解平衡は

$$MX(固) = M^+ + X^-$$

熱力学的溶解度積は活量を用いて表す。

$$K^\circ_{sp} = a_M a_X$$

濃度に基づく溶解度積は

$$K_{sp} = [M^+][X^-]$$

活量と濃度の関係　$a_i = f_i C_i$ の関係を用いると

$$K^o_{sp} = f_{M^+}[M^+]f_{X^-}[X^-] = f_{M^+}f_{X^-}[M^+][X^-]$$

$$K^o_{sp} = f_{M^+}f_{X^-}K_{sp}$$

したがって

$$K_{sp} = \frac{K^o_{sp}}{f_{M^+}f_{X^-}}$$

イオン強度が大きくなると活量係数は小さくなるので，沈殿は溶解しやすくなる。

問 10　次の条件でのクロム酸バリウムのモル溶解度を求めなさい。

① 飽和クロム酸バリウム水溶液

② イオン強度 $I = 0.01\,mol/L$（KNO_3）の水溶液中

ただし，クロム酸バリウムの溶解度積は $K^o_{sp} = [Ba^{2+}][CrO_4^{2-}] = 1.2 \times 10^{-10}$ である。

解

クロム酸バリウムの溶解度 s は

① 純水中（I = 0）では

$$s = [Ba^{2+}] = [CrO_4^{2-}]$$

なので $s^2 = 1.2 \times 10^{-10}$ となり，モル溶解度は

$$s = \sqrt{1.2 \times 10^{-10}} = 1.1 \times 10^{-5}\,mol/L$$

② イオン強度は事実上 KNO_3 によって定まる。イオン強度 $I = 0.01\,mol/L$ の溶液中におけるバリウムおよびクロム酸イオンの活量係数は次のようになる。

$$-\log f_{Ba^{2+}} = \frac{0.51\,z^2_{Ba^{2+}}\sqrt{\mu}}{1 + 0.33\alpha_{Ba^{2+}}\sqrt{\mu}} = \frac{0.51 \times 2^2\sqrt{0.01}}{1 + 0.33 \times 5 \times \sqrt{0.01}}$$

$$-\log f_{Ba^{2+}} = \frac{0.204}{1.165} = 0.175$$

$$f_{Ba^{2+}} = 10^{-1.0} \times 10^{0.825} = 0.67$$

$$-\log f_{CrO_4^{2-}} = \frac{0.51\,z^2_{CrO_4^{2-}}\sqrt{\mu}}{1 + 0.33\,\alpha_{CrO_4^{2-}}\sqrt{\mu}} = \frac{0.51 \times (-2)^2\sqrt{0.01}}{1 + 0.33 \times 4 \times \sqrt{0.01}}$$

$$-\log f_{\mathrm{CrO_4^{2-}}} = \frac{0.204}{1.132} = 0.180$$

$$f_{\mathrm{CrO_4^{2-}}} = 10^{-1.0} \times 10^{0.820} = 0.66$$

いま，I=0.01 における溶解度積を K'_{sp} とすると

$$K^{\circ}_{\mathrm{sp}} = f_{\mathrm{Ba^{2+}}}[\mathrm{Ba^{2+}}]f_{\mathrm{CrO_4^{2-}}}[\mathrm{CrO_4^{2-}}] = f_{\mathrm{Ba^{2+}}}f_{\mathrm{CrO_4^{2-}}}\,K'_{\mathrm{sp}}$$

の関係より

$$K'_{\mathrm{sp}} = \frac{K^{\circ}_{\mathrm{sp}}}{f_{\mathrm{Ba^{2+}}}f_{\mathrm{CrO_4^{2-}}}} = \frac{1.2 \times 10^{-10}}{0.67 \times 0.66} = 2.71 \times 10^{-10}$$

モル溶解度は

$$s^2 = 2.71 \times 10^{-10}$$

$$s = 1.6 \times 10^{-5}\,\mathrm{mol/L}$$

クロム酸バリウムのモル溶解度は I=0 の場合に比べて高くなる。すなわち，無関係塩の濃度が高くなるとクロム酸バリウムはより溶けやすくなる。

5-4 溶解度と錯形成

> 例題6　塩化銀の溶解度とアンモニア濃度の関係を示しなさい。

塩化銀の一部が水溶液に溶解すると銀イオンと塩化物イオンに解離して存在する。アンモニアが存在しない場合は

$$\mathrm{AgCl} = \mathrm{Ag^+} + \mathrm{Cl^-} \tag{1}$$

アンモニアが存在すると銀イオンは次式に従って錯体を形成する。

$$\mathrm{Ag^+} + \mathrm{NH_3} = \mathrm{AgNH_3^+} \tag{2}$$

$$\mathrm{AgNH_3^+} + \mathrm{NH_3} = \mathrm{Ag(NH_3)_2^+} \tag{3}$$

(2) 及び (3) 式の平衡定数（生成定数）はそれぞれ

$$k_1 = \frac{[\mathrm{AgNH_3^+}]}{[\mathrm{Ag^+}][\mathrm{NH_3}]} \tag{4}$$

$$k_2 = \frac{[\mathrm{Ag(NH_3)_2^+}]}{[\mathrm{AgNH_3^+}][\mathrm{NH_3}]} \tag{5}$$

塩化銀の見かけの溶解度 s′ は

$$s' = [\mathrm{Ag^+}] + [\mathrm{AgNH_3^+}] + [\mathrm{Ag(NH_3)_2^+}] = [\mathrm{Cl^-}] \tag{6}$$

$$s' = [Ag^+]\left(1 + \frac{[AgNH_3^+]}{[Ag^+]} + \frac{[Ag(NH_3)_2^+]}{[Ag^+]}\right)$$

$$s' = [Ag^+](1 + k_1[NH_3] + k_1k_2[NH_3]^2) \tag{7}$$

見かけの溶解度はアンモニア濃度に依存する。

両辺に［Cl⁻］を掛け，$s' = [Cl^-]$ であることを考慮すると

$$(s')^2 = [Ag^+][Cl^-](1 + k_1[NH_3] + k_1k_2[NH_3]^2)$$

$$(s')^2 = K_{sp}(1 + k_1[NH_3] + k_1k_2[NH_3]^2) \tag{8}$$

$$s' = \sqrt{K_{sp}(1 + k_1[NH_3] + k_1k_2[NH_3]^2)} \tag{9}$$

 i) アンモニア濃度がゼロの場合

$$s' = \sqrt{K_{sp}} \tag{10}$$

 ii) 括弧中の第1項及び第3項が無視できる場合（$AgNH_3^+$のみが存在）

$$s' = \sqrt{K_{sp}k_1} \times [NH_3]^{1/2} \tag{11}$$

 iii) アンモニア濃度が大きいと，カッコ中の第1項及び第2項が無視できる（$Ag(NH_3)_2^+$のみが生成）

$$s' = \sqrt{K_{sp}k_1k_2} \times [NH_3] \tag{12}$$

 問11 遊離のアンモニア濃度が 0.10 mol/L のとき塩化銀のモル溶解度を計算しなさい。

解

アンモニアは銀イオンと錯体を形成する。

生成定数は

$$k_1 = \frac{[AgNH_3^+]}{[Ag^+][NH_3]} = 2.5 \times 10^3$$

$$k_2 = \frac{[Ag(NH_3)_2^+]}{[AgNH_3^+][NH_3]} = 1.0 \times 10^4$$

0.10 mol/L アンモニアが存在する溶液中では，例題（6）式のカッコ内第1, 2項は第3項に対して無視できる（具体的に数値を代入して計算してみよ）。すなわち，$Ag(NH_3)_2^+$が主として存在する。

$$(s')^2 = K_{sp}(k_1k_2[NH_3]^2)$$

$$(s')^2 = 1.0 \times 10^{-10} \times [2.5 \times 10^3 \times 1.0 \times 10^4(10^{-1})^2]$$

$$(s')^2 = 2.5 \times 10^{-5}$$

$$s' = 5.0 \times 10^{-3}\,\mathrm{mol/L}$$

5-5　沈殿滴定

問 12　Mohr 滴定を行う。0.01 mol/L NaCl 溶液 10 mL がある。指示薬
として 1.0 mol/L K_2CrO_4 溶液を 0.3 mL 加えて水で 50 mL にした。この溶
液を 0.01 mol/L $AgNO_3$ 溶液で滴定した。

① 終点で Ag_2CrO_4 の赤色の沈殿が析出し始めるとき Ag^+ の濃度を計算
しなさい。

② 滴定誤差を計算しなさい。

解

① 滴定反応は

$$Ag^+ + Cl^- = AgCl\quad 溶解度積\quad K_{AgCl} = 1.8 \times 10^{-10}$$

終点検出の反応は

$$2Ag^+ + CrO_4^{-} = Ag_2CrO_4\quad 溶解度積\ K_{Ag_2CrO_4} = 2.8 \times 10^{-12}$$

滴定開始前の指示薬濃度は,

$$1.0\,\mathrm{mol/L} \times \frac{0.3\,\mathrm{mL}}{50\,\mathrm{mL}} = 6.0 \times 10^{-3}\,\mathrm{mol/L}$$

終点での溶液の体積は 60 mL になるので CrO_4^{-} は希釈されて $5.0 \times 10^{-3}\,\mathrm{mol/L}$ と
なる。終点で赤色沈殿が析出し始めるときの Ag^+ 濃度は,溶解度積を用いると

$$[Ag^+]^2 = \frac{2.8 \times 10^{-12}}{[CrO_4^{2-}]} = \frac{2.8 \times 10^{-12}}{5.0 \times 10^{-3}} = 5.6 \times 10^{-10}$$

$$[Ag^+]_{end} = \sqrt{5.6 \times 10^{-10}} = 2.37 \times 10^{-5}\,\mathrm{mol/L}$$

② 滴定の当量点では $[Ag^+] = [Cl^-]$ であるから,当量点での Ag^+ 濃度は

$$[Ag^+]_{eq} = \sqrt{K_{AgCl}} = \sqrt{1.8 \times 10^{-10}} = 1.34 \times 10^{-5}\,\mathrm{mol/L}$$

当量点を越えて過剰に加えられた Ag^+ 濃度は

$$過剰Ag^+ = [Ag^+]_{end} - [Ag^+]_{eq} = 2.37 \times 10^{-5} - 1.34 \times 10^{-5} = 1.03 \times 10^{-5}\,\mathrm{mol/L}$$

このときの体積は 60 mL なので,Ag^+ の物質量は

$$1.03 \times 10^{-5}\,\mathrm{mmol/mL} \times 60\,\mathrm{mL} = 6.18 \times 10^{-4}\,\mathrm{mmol}$$

滴定剤 1 mL に含まれている Ag^+ の物質量は 0.01 mmol であるから,過剰に加え

られた滴定剤の体積は

$$\frac{6.18 \times 10^{-4}}{0.01} = 0.06 \, \text{mL}$$

滴定の誤差は

絶対誤差 $= 0.06 \, \text{mL}$

相対誤差 $= \dfrac{0.06}{10} \times 100 = 0.6\%$

問 13　$1.0 \times 10^{-2} \, \text{mol/L NaBr}$ と $1.0 \times 10^{-3} \, \text{mol/L NaCl}$ が共存する溶液 20 mL がある。$0.010 \, \text{mol/L AgNO}_3$ 溶液で Br^- の滴定を行った。Cl^- の影響を受けずに滴定できるか。ただし，AgBr の溶解度積は $K_{AgBr} = 5.2 \times 10^{-13}$，AgCl の溶解度積は $K_{AgCl} = 1.8 \times 10^{-10}$ である。

AgBr の溶解度積が小さいので Br^- が先に滴定される。当量点では $[Ag^+] = [Br^-]$ であるから，Ag^+ 濃度は

$$[Ag^+]^2 = 5.2 \times 10^{-13}$$

$$[Ag^+] = 7.21 \times 10^{-7} \, \text{mol/L}$$

溶液中に存在する Cl^- の濃度は $1.0 \times 10^{-3} \, \text{mol/L}$ であるが，当量点では体積が 40 mL になるので $[Cl^-] = 5.0 \times 10^{-4} \, \text{mol/L}$ となる。$[Ag^+]$ と $[Cl^-]$ の積は

$$[Ag^+][Cl^-] = 7.21 \times 10^{-7} \times 5.0 \times 10^{-4} = 3.61 \times 10^{-10}$$

で，塩化銀の溶解度積を超えている。したがって，Br^- 滴定の当量点ではすでに Cl^- は AgCl として沈殿するので滴定できない

6 | 錯形成平衡

　溶液中の金属イオンが関る反応の多くは錯形成反応（complexation reaction）である。遊離金属イオンは，水溶液中では水が配位したアコ錯体として溶存している。錯形成は，配位水が別の配位子によって置換される反応であるが，溶媒としての水は大量に存在するので活量は 1 として平衡定数に含める。

　金属イオン（M^+）が配位子 L と以下のように錯体を形成するとする。

$$M^+ + L = ML^+$$
$$ML^+ + L = ML_2^+$$

これらの反応の平衡定数は

$$k_1 = \frac{[ML^+]}{[M^+][L]} \qquad k_2 = \frac{[ML_2^+]}{[ML^+][L]}$$

である。平衡定数 k_1 及び k_2 は逐次生成定数（stepwise formation constant）または逐次安定度定数（stepwise stability constant）と呼ばれる。上記の全反応は

$$M^+ + 2L = ML_2^+$$

となり，その平衡定数は

$$K = \frac{[ML_2^+]}{[M^+][L]^2}$$

と表される。 平衡定数 K は全生成定数（overall formation constant）または全安定度定数（overall stability constant）と呼ばれる。一般に，逐次生成定数と全生成定数との間には

$$K = k_1 k_2 \cdots k_n$$

の関係がある。

6-1 錯形成と存在割合

例題1 Co^{2+} は SCN^- と次式により錯体を形成する。錯体の生成定数は $K=10^{1.0}$ である。

$$Co^{2+} + SCN^- = CoSCN^+$$

コバルト(II)の全濃度が $1.0 \times 10^{-3}\,mol/L$ のとき、SCN^- が $0.10\,mol/L$ の溶液中における Co^{2+} 及び $CoSCN^+$ の濃度を計算しなさい。

Co (II) の全濃度 (C_{Co}) は

$$C_{Co} = [Co^{2+}] + [CoSCN^+] = 1.0 \times 10^{-3}\,mol/L \qquad (1)$$

同様に SCN^- の全濃度は

$$C_{SCN^-} = [SCN^-] + [CoSCN^+] = 0.10\,mol/L \qquad (2)$$

$CoSCN^+$ は最高でも $1.0 \times 10^{-3}\,mol/L$ しか生成しないので、錯形成に消費される SCN^- 量は無視できる。

$$[SCN^-] \approxeq 0.10\,mol/L \qquad (3)$$

(1) 式を変形すると

$$[Co^{2+}]\left(1 + \frac{[CoSCN^+]}{[Co^{2+}]}\right) = 1.0 \times 10^{-3}\,mol/L \qquad (4)$$

錯体の生成定数

$$K = \frac{[CoSCN^+]}{[Co^{2+}][SCN^-]} = 10^{1.0}$$

を用いると (4) 式は

$$[Co^{2+}](1 + K[SCN^-]) = 1.0 \times 10^{-3}\,mol/L$$

$$[Co^{2+}](1 + 10^{1.0}10^{-1.0}) = 1.0 \times 10^{-3}\,mol/L$$

$$[Co^{2+}] = \frac{1.0 \times 10^{-3}}{2} = 5.0 \times 10^{-4}\,mol/L$$

$$[CoSCN^+] = C_{Co} - [Co^{2+}] = 1.0 \times 10^{-3} - 5.0 \times 10^{-4}$$

$$= 5.0 \times 10^{-4}\,mol/L$$

すなわち、全コバルト (II) の 50% が $CoSCN^+$ として存在する。

問1　Fe^{3+} は SCN^- と1：1錯体を形成する。

$$Fe^{3+} + SCN^- = FeSCN^{2+}$$

錯体の生成定数は $K_f = 10^{2.1}$ である。鉄（III）の全濃度が 1.0×10^{-3} mol/L，SCN^- が 0.10 mol/L となるように混合した水溶液中に存在する Fe^{3+} および $FeSCN^{2+}$ の濃度はそれぞれいくらか。

解

鉄（III）の全濃度は

$$C_{Fe} = [Fe^{3+}] + [FeSCN^{2+}] = 1.0 \times 10^{-3} \, mol/L$$

SCN^- の全濃度は

$$C_{SCN} = [SCN^-] + [FeSCN^{2+}] = 0.10 \, mol/L$$

で示される。$FeSCN^{2+}$ 濃度は最高でも 1.0×10^{-3} mol/L であるから 0.10 mol/L に対して無視できる。すなわち

$$[SCN^-] \cong 0.10 \, mol/L$$

錯体の平衡定数を用いて変形すると

$$C_{Fe} = [Fe^{3+}](1+K_f)[SCN^-]) = [Fe^{3+}](1+10^{2.1} \times 0.10)$$

$$1.0 \times 10^{-3} = [Fe^{3+}](13.5)$$

従って遊離の Fe^{3+} 濃度は

$$[Fe^{3+}] = 0.74 \times 10^{-4} \, mol/L$$

となる。また，鉄錯体の濃度は

$$[FeSCN^{2+}] = C_{Fe} - [Fe^{3+}] = 9.26 \times 10^{-4} \, mol/L$$

となり，93% が化学種 $FeSCN^{2+}$ として存在する。

6-2　逐次錯体の存在割合

5章のポリプロトン酸で示したのと同様に，錯形成平衡においても各化学種の存在割合は配位子の平衡濃度及び生成定数から計算できる。

例題2　Cd^{2+} は SCN^- と次式のように錯体を生成する。

$$Cd^{2+} + SCN^- = Cd(SCN)^+$$

$$Cd(SCN)^+ + SCN^- = Cd(SCN)_2$$

$$Cd(SCN)_2 + SCN^- = Cd(SCN)_3^-$$

それぞれの平衡に対応する逐次生成定数は

$$k_1 = \frac{[Cd(SCN)^+]}{[Cd^{2+}][SCN^-]} = 10^{1.4}$$

$$k_2 = \frac{[Cd(SCN)_2]}{[Cd(SCN)^+][SCN^-]} = 10^{2.0}$$

$$k_3 = \frac{[Cd(SCN)_3^-]}{[Cd(SCN)_2][SCN^-]} = 10^{2.6}$$

である。$Cd(II)$ の全濃度を C_{Cd} として，各化学種の存在割合を計算し，グラフに表しなさい。

$Cd(II)$ の物質収支から

$$C_{Cd} = [Cd^{2+}] + [Cd(SCN)^+] + [Cd(SCN)_2] + [Cd(SCN)_3^-]$$

$$C_{Cd} = [Cd^{2+}]\left(1 + \frac{[Cd(SCN)^+]}{[Cd^{2+}]} + \frac{[Cd(SCN)_2]}{[Cd^{2+}]} + \frac{[Cd(SCN)_3^-]}{[Cd^{2+}]}\right)$$

逐次生成定数を用いると

$$\frac{C_{Cd}}{[Cd^{2+}]} = 1 + k_1[SCN^-] + k_1k_2[SCN^-]^2 + k_1k_2k_3[SCN^-]^3$$

逆数をとると

$$\frac{[Cd^{2+}]}{C_{Cd}} = \frac{1}{1 + k_1[SCN^-] + k_1k_2[SCN^-]^2 + k_1k_2k_3[SCN^-]^3}$$

$$= \frac{1}{1 + 10^{1.4}[SCN^-] + 10^{3.4}[SCN^-]^2 + 10^{6.0}[SCN^-]^3}$$

他の化学種についても同様な計算により

$$\frac{[CdSCN^+]}{C_{Cd}} = \frac{k_1[SCN^-]}{1 + k_1[SCN^-] + k_1k_2[SCN^-]^2 + k_1k_2k_3[SCN^-]^3}$$

$$= \frac{10^{1.4}[\mathrm{SCN}^-]}{1 + 10^{1.4}[\mathrm{SCN}^-] + 10^{3.4}[\mathrm{SCN}^-]^2 + 10^{6.0}[\mathrm{SCN}^-]^3}$$

$$\frac{[\mathrm{Cd(SCN)_2}]}{C_{\mathrm{Cd}}} = \frac{k_1 k_2 [\mathrm{SCN}^-]^2}{1 + k_1[\mathrm{SCN}^-] + k_1 k_2 [\mathrm{SCN}^-]^2 + k_1 k_2 k_3 [\mathrm{SCN}^-]^3}$$

$$= \frac{10^{3.4}[\mathrm{SCN}^-]^2}{1 + 10^{1.4}[\mathrm{SCN}^-] + 10^{3.4}[\mathrm{SCN}^-]^2 + 10^{6.0}[\mathrm{SCN}^-]^3}$$

$$\frac{[\mathrm{Cd(SCN)_3^-}]}{C_{\mathrm{Cd}}} = \frac{k_1 k_2 k_3 [\mathrm{SCN}^-]^3}{1 + k_1[\mathrm{SCN}^-] + k_1 k_2 [\mathrm{SCN}^-]^2 + k_1 k_2 k_3 [\mathrm{SCN}^-]^3}$$

$$= \frac{10^{6.0}[\mathrm{SCN}^-]^3}{1 + 10^{1.4}[\mathrm{SCN}^-] + 10^{3.4}[\mathrm{SCN}^-]^2 + 10^{6.0}[\mathrm{SCN}^-]^3}$$

が得られる。計算に当たっては表計算ソフト Excel の計算機能を利用し，さらに Excel 上でグラフを作成する。計算結果をグラフに示す。

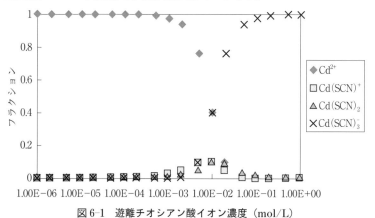

図 6-1　遊離チオシアン酸イオン濃度（mol/L）

6-3　化学種のモル分率

　溶液中に存在する多塩基酸の各化学種の存在割合は pH によって変わる。存在割合を計算によって推定することによって実際に起こる反応を予測したり，解析したりするのに役立つ。

例題3 リン酸は三塩基酸である。水溶液中での各化学種の存在割合 α を解離定数と水素イオン濃度を用いて表しなさい。

水溶液中では次の平衡が成り立っている。

$$H_3PO_4 = H^+ + H_2PO_4^- \tag{1}$$

$$H_2PO_4^- = H^+ + HPO_4^{2-} \tag{2}$$

$$HPO_4^{2-} = H^+ + PO_4^{3-} \tag{3}$$

リン酸の逐次酸解離定数はそれぞれ

$$k_1 = \frac{[H^+][H_2PO_4^-]}{[H_3PO_4]} = 7.5 \times 10^{-3} \tag{4}$$

$$k_2 = \frac{[H^+][HPO_4^{2-}]}{[H_2PO_4^-]} = 6.2 \times 10^{-8} \tag{5}$$

$$k_3 = \frac{[H^+][PO_4^{3-}]}{[HPO_4^{2-}]} = 1 \times 10^{-12} \tag{6}$$

リン酸の各化学種の割合を次のように定義する。

$$\alpha_{H_3PO_4} = \frac{[H_3PO_4]}{C_P} \tag{7}$$

$$\alpha_{H_2PO_4^-} = \frac{[H_2PO_4^-]}{C_P} \tag{8}$$

$$\alpha_{HPO_4^{2-}} = \frac{[HPO_4^{2-}]}{C_P} \tag{9}$$

$$\alpha_{PO_4^{3-}} = \frac{[PO_4^{3-}]}{C_P} \tag{10}$$

リン酸の濃度を C_P とすると，物質収支は

$$C_p = [H_3PO_4] + [H_2PO_4^-] + [HPO_4^{2-}] + [PO_4^{3-}] \tag{11}$$

いま，右辺を H_3PO_4 の濃度でくくると

$$C_P = [H_3PO_4]\left(1 + \frac{[H_2PO_4^-]}{[H_3PO_4]} + \frac{[HPO_4^{2-}]}{[H_3PO_4]} + \frac{[PO_4^{3-}]}{[H_3PO_4]}\right) \tag{12}$$

括弧の中の第二項は，（4）式から

$$\frac{[H_2PO_4^-]}{[H_3PO_4]} = \frac{k_1}{[H^+]}$$

である。同様に，第3項及び第4項はそれぞれ

$$\frac{[\mathrm{HPO_4^{2-}}]}{[\mathrm{H_3PO_4}]} = \frac{k_1 k_2}{[\mathrm{H^+}]^2} \tag{13}$$

$$\frac{[\mathrm{PO_4^{3-}}]}{[\mathrm{H_3PO_4}]} = \frac{k_1 k_2 k_3}{[\mathrm{H^+}]^3} \tag{14}$$

となる。これらの関係を（12）式に代入すると

$$C_\mathrm{P} = [\mathrm{H_3PO_4}]\left(1 + \frac{k_1}{[\mathrm{H^+}]} + \frac{k_1 k_2}{[\mathrm{H^+}]^2} + \frac{k_1 k_2 k_3}{[\mathrm{H^+}]^3}\right) \tag{15}$$

したがって

$$\frac{1}{\alpha_{\mathrm{H_3PO_4}}} = \frac{C_\mathrm{P}}{[\mathrm{H_3PO_4}]} = 1 + \frac{k_1}{[\mathrm{H^+}]} + \frac{k_1 k_2}{[\mathrm{H^+}]^2} + \frac{k_1 k_2 k_3}{[\mathrm{H^+}]^3} \tag{16}$$

分母をそろえ，$\alpha_{\mathrm{H_3PO_4}}$ を求めると

$$\alpha_{\mathrm{H_3PO_4}} = \frac{[\mathrm{H^+}]^3}{[\mathrm{H^+}]^3 + k_1[\mathrm{H^+}]^2 + k_1 k_2[\mathrm{H^+}] + k_1 k_2 k_3} \tag{17}$$

$\alpha_{\mathrm{H_2PO_4^-}}$ についても，まず $\mathrm{H_2PO_4^-}$ イオン濃度でくくる。

$$C_\mathrm{P} = [\mathrm{H_2PO_4^-}]\left(\frac{[\mathrm{H_3PO_4}]}{[\mathrm{H_2PO_4^-}]} + 1 + \frac{[\mathrm{HPO_4^{2-}}]}{[\mathrm{H_2PO_4^-}]} + \frac{[\mathrm{PO_4^{3-}}]}{[\mathrm{H_2PO_4^-}]}\right)$$

逐次酸解離定数と水素イオン濃度を用いて，カッコの中を書き替えると

$$\frac{1}{\alpha_{\mathrm{H_2PO_4^-}}} = \frac{C_\mathrm{P}}{[\mathrm{H_2PO_4^-}]} = \left(\frac{[\mathrm{H^+}]}{k_1} + 1 + \frac{k_2}{[\mathrm{H^+}]} + \frac{k_2 k_3}{[\mathrm{H^+}]^2}\right)$$

整理すると

$$\alpha_{\mathrm{H_2PO_4^-}} = \frac{k_1[\mathrm{H^+}]^2}{[\mathrm{H^+}]^3 + k_1[\mathrm{H^+}]^2 + k_1 k_2[\mathrm{H^+}] + k_1 k_2 k_3} \tag{16}$$

同様に $\alpha_{\mathrm{HPO_4^{2-}}}$ 及び $\alpha_{\mathrm{PO_4^{3-}}}$ について計算すると

$$\alpha_{\mathrm{HPO_4^{2-}}} = \frac{k_1 k_2[\mathrm{H^+}]}{[\mathrm{H^+}]^3 + k_1[\mathrm{H^+}]^2 + k_1 k_2[\mathrm{H^+}] + k_1 k_2 k_3} \tag{17}$$

$$\alpha_{\mathrm{PO_4^{3-}}} = \frac{k_1 k_2 k_3}{[\mathrm{H^+}]^3 + k_1[\mathrm{H^+}]^2 + k_1 k_2[\mathrm{H^+}] + k_1 k_2 k_3} \tag{18}$$

問2 EDTA（$\mathrm{H_4Y}$ と略記）は四塩基酸である。

① 水溶液中での各化学種の存在割合 α を解離定数と水素イオン濃度を用いて表しなさい。

② $\alpha_{\mathrm{Y^{4-}}}$ の値を計算し表にまとめなさい。

解

水溶液中では次の平衡が成り立っている。

$$H_4Y = H^+ + H_3Y^- \tag{1}$$

$$H_3Y^- = H^+ + H_2Y^{2-} \tag{2}$$

$$H_2Y^{2-} = H^+ + HY^{3-} \tag{3}$$

$$HY^{3-} = H^+ + Y^{4-} \tag{4}$$

EDTA の逐次酸解離定数はそれぞれ

$$k_1 = \frac{[H^+][H_3Y^-]}{[H_4Y]} = 1.0 \times 10^{-2} \tag{5}$$

$$k_2 = \frac{[H^+][H_2Y^{2-}]}{[H_3Y^-]} = 2.2 \times 10^{-3} \tag{6}$$

$$k_3 = \frac{[H^+][HY^{3-}]}{[H_2Y^{2-}]} = 6.9 \times 10^{-7} \tag{7}$$

$$k_4 = \frac{[H^+][Y^{4-}]}{[HY^{3-}]} = 5.5 \times 10^{-11} \tag{8}$$

EDTA の各化学種の割合を次のように定義する。

$$\alpha_{H_4Y} = \frac{[H_4Y]}{C_{EDTA}} \tag{9}$$

$$\alpha_{H_3Y^-} = \frac{[H_3Y^-]}{C_{EDTA}} \tag{10}$$

$$\alpha_{H_2Y^{2-}} = \frac{[H_2Y^{2-}]}{C_{EDTA}} \tag{11}$$

$$\alpha_{HY^{3-}} = \frac{[HY^{3-}]}{C_{EDTA}} \tag{12}$$

$$\alpha_{Y^{4-}} = \frac{[Y^{4-}]}{C_{EDTA}} \tag{13}$$

ここで C_{EDTA} は EDTA の全濃度である。物質収支は

$$C_{EDTA} = [H_4Y] + [H_3Y^-] + [H_2Y^{2-}] + [HY^{3-}] + [Y^{4-}] \tag{14}$$

いま，右辺を H_4Y の濃度でくくると

$$C_{EDTA} = [H_4Y]\left(1 + \frac{[H_3Y^-]}{[H_4Y]} + \frac{[H_2Y^{2-}]}{[H_4Y]} + \frac{[HY^{3-}]}{[H_4Y]} + \frac{[Y^{4-}]}{[H_4Y]}\right)$$

括弧の中の第 2 項は，(5) 式から

$$\frac{[\mathrm{H_3Y^-}]}{[\mathrm{H_4Y}]} = \frac{k_1}{[\mathrm{H^+}]}$$

である。同様に，第 3, 4, 5 項はそれぞれ

$$\frac{[\mathrm{H_2Y^{2-}}]}{[\mathrm{H_4Y}]} = \frac{k_1 k_2}{[\mathrm{H^+}]^2}, \quad \frac{[\mathrm{HY^{3-}}]}{[\mathrm{H_4Y}]} = \frac{k_1 k_2 k_3}{[\mathrm{H^+}]^3}, \quad \frac{[\mathrm{Y^{4-}}]}{[\mathrm{H_4Y}]} = \frac{k_1 k_2 k_3 k_4}{[\mathrm{H^+}]^4}$$

と表すことができる。これらの式を代入すると

$$C_{\mathrm{EDTA}} = [\mathrm{H_4Y}]\left(1 + \frac{k_1}{[\mathrm{H^+}]} + \frac{k_1 k_2}{[\mathrm{H^+}]^2} + \frac{k_1 k_2 k_3}{[\mathrm{H^+}]^3} + \frac{k_1 k_2 k_3 k_4}{[\mathrm{H^+}]^4}\right) \quad (15)$$

分母をそろえ整理すると

$$\alpha_{\mathrm{H_4Y}} = \frac{[\mathrm{H^+}]^4}{[\mathrm{H^+}]^4 + k_1[\mathrm{H^+}]^3 + k_1 k_2[\mathrm{H^+}]^2 + k_1 k_2 k_3[\mathrm{H^+}] + k_1 k_2 k_3 k_4} \quad (16)$$

上と同様に，$\alpha_{\mathrm{H_3Y^-}}$ については $\mathrm{H_3Y^-}$ イオン濃度でくくると

$$C_{\mathrm{EDTA}} = [\mathrm{H_3Y^-}]\left(\frac{[\mathrm{H_4Y}]}{[\mathrm{H_3Y^-}]} + 1 + \frac{[\mathrm{H_2Y^{2-}}]}{[\mathrm{H_3Y^-}]} + \frac{[\mathrm{HY^{3-}}]}{[\mathrm{H_3Y^-}]} + \frac{[\mathrm{Y^{4-}}]}{[\mathrm{H_3Y^-}]}\right)$$

逐次解離定数と水素イオン濃度の関係より

$$\frac{1}{\alpha_{\mathrm{H_3Y^-}}} = \frac{C_{\mathrm{EDTA}}}{[\mathrm{H_3Y^-}]} = \left(\frac{[\mathrm{H^+}]}{k_1} + 1 + \frac{k_2}{[\mathrm{H^+}]} + \frac{k_2 k_3}{[\mathrm{H^+}]^2} + \frac{k_2 k_3 k_4}{[\mathrm{H^+}]^3}\right)$$

整理する

$$\alpha_{\mathrm{H_3Y^-}} = \frac{k_1[\mathrm{H^+}]^3}{[\mathrm{H^+}]^4 + k_1[\mathrm{H^+}]^3 + k_1 k_2[\mathrm{H^+}]^2 + k_1 k_2 k_3[\mathrm{H^+}] + k_1 k_2 k_3 k_4} \quad (17)$$

同様に $\alpha_{\mathrm{H_2Y^{2-}}}$，$\alpha_{\mathrm{HY^{3-}}}$ 及び $\alpha_{\mathrm{Y^{4-}}}$ についても計算すると

$$\alpha_{\mathrm{H_2Y^{2-}}} = \frac{k_1 k_2[\mathrm{H^+}]^2}{[\mathrm{H^+}]^4 + k_1[\mathrm{H^+}]^3 + k_1 k_2 k_3[\mathrm{H^+}]^2 + k_1 k_2 k_3[\mathrm{H^+}] + k_1 k_2 k_3 k_4} \quad (18)$$

$$\alpha_{\mathrm{HY^{3-}}} = \frac{k_1 k_2 k_3[\mathrm{H^+}]}{[\mathrm{H^+}]^4 + k_1[\mathrm{H^+}]^3 + k_1 k_2 k_3[\mathrm{H^+}]^2 + k_1 k_2 k_3[\mathrm{H^+}] + k_1 k_2 k_3 k_4} \quad (19)$$

$$\alpha_{\mathrm{Y^{4-}}} = \frac{k_1 k_2 k_3 k_4}{[\mathrm{H^+}]^4 + k_1[\mathrm{H^+}]^3 + k_1 k_2[\mathrm{H^+}]^2 + k_1 k_2 k_3[\mathrm{H^+}] + k_1 k_2 k_3 k_4} \quad (20)$$

②　(16)〜(20) 式に酸解離定数を代入して種々の pH における α 値を計算する。
計算に当たっては表計算ソフト Excel の計算機能を利用し，さらにグラフを作成すると便利である。ちなみに $\alpha_{\mathrm{Y^{4-}}}$ の計算式は

$$\alpha_{\mathrm{Y^{4-}}} = \frac{8.35 \times 10^{-22}}{[\mathrm{H^+}]^4 + 1.0 \times 10^{-2}[\mathrm{H^+}]^3 + 2.2 \times 10^{-5}[\mathrm{H^+}]^2 + 1.52 \times 10^{-11}[\mathrm{H^+}] + 8.35 \times 10^{-22}}$$

である。

$\alpha_{Y^{4-}}$ の計算結果を負の対数として表にまとめると下記のようになる。

表 6-1

pH	$-\log\alpha_{Y^{4-}}$	pH	$-\log\alpha_{Y^{4-}}$
1	17.1	8	2.27
2	13.4	9	1.28
3	10.6	10	0.45
4	8.44	11	0.07
5	6.45	12	0.01
6	4.65	13	0
7	3.32		

6-4 条件付安定度定数

配位子がプロトンの受容体として働く場合，酸解離平衡が成り立ち，金属イオンに結合しうる配位子の濃度は pH に依存して変わる。配位子に対して，水素イオンと金属イオンは競争的に作用する。副反応を考慮した錯体の生成定数は条件付安定度定数（conditional stability constant）と呼ばれる。

海水中の毒性金属元素の溶存形

コラム　海水（イオン強度は I=0.7）中の毒性の高い重金属（Cd，Pb，Cu など）の溶存化学形を推定することは，これらの金属の海洋中での循環，堆積物との相互作用，生物による取り込みなどの機構を知る上で大変重要なことである。海水は Cl^-，HCO_3^-，OH^-，SO_4^{2-} などの様々な無機配位子やアミノ酸，腐食酸などの有機配位子が溶存するほぼ中性（pH7.2～7.4程度）の溶液と見なすことができる。金属イオンは水和イオンとして溶存するのではなく，様々な配位子と錯体を形成して存在する。溶存化学形を推定するためには，その pH における条件付安定度定数の知識及び海水のイオン強度で適用できる安定度定数の値が必要となる。様々なアプローチにより化学形を推定することが行われているが，例えば Cd の一部はクロロ錯体，鉛は炭酸イオンとの錯体として溶存していることが推定されている。

> **例題 4** Ca^{2+} は EDTA（H_4Y と略記）と錯体（キレート）を形成する。
>
> $$Ca^{2+} + Y^{4-} = CaY^{2-}$$
>
> $$K_f = \frac{[CaY^{2-}]}{[Ca^{2+}][Y^{4-}]} = 5.0 \times 10^{10}$$
>
> CaY^{2-} 錯体の安定性は pH によってどのように変わるか。
>
> EDTA は四塩基酸で，酸解離平衡がある。したがって，EDTA の分析濃度 C_{H_4Y} は同じでも $[Y^{4-}]$ の濃度は pH に依存して変わる。6-3 で示したように，$[Y^{4-}]$ の存在割合は
>
> $$\alpha_{Y^{4-}} = \frac{[Y^{4-}]}{C_{H_4Y}}$$
>
> であり，$[Y^{4-}]$ は水素イオン濃度及び酸解離定数の値から計算できる。
>
> $$[Y^{4-}] = \alpha_{Y^{4-}} C_{H_4Y}$$
>
> 錯体の生成定数の式に代入すると
>
> $$K_f = \frac{[CaY^{2-}]}{[Ca^{2+}]\alpha_{Y^{4-}} C_{H_4Y}}$$
>
> $$K_f \alpha_{Y^{4-}} = \frac{[CaY^{2-}]}{[Ca^{2+}]C_{H_4Y}}$$
>
> ここで C_{H_4Y} は Ca^{2+} と結合していない EDTA の全濃度である。新たに
>
> $$K'_f = K_f \alpha_{Y^{4-}}$$
>
> と定義すると，K'_f は pH が一定であれば定数となる。この K'_f は条件付安定度定数と呼ばれる。対数をとると
>
> $$\log K'_f = \log K_f + \log \alpha_{Y^{4-}}$$
>
> あらかじめ各 pH での $\alpha_{Y^{4-}}$ を求めておけば $\log K'_f$ を容易に求めることができる。表 6-1 から $\log \alpha_{Y^{4-}}$ は pH が低下すると小さくなる。したがって Ca-EDTA キレートの条件付安定度定数は酸性になるほど小さくなる。

問3 次の pH での Ca^{2+}-EDTA キレートの条件付安定度定数を計算しなさい。ただし，$K_f = 5.0 \times 10^{10}$ である。

① pH 10

② pH 8.0

③ pH 5.0

解

①　pH10 において $\alpha_{Y^{4-}}$ の値は対数として $\log \alpha_{Y^{4-}} = -0.45$

　　$\log K'_f = 10.70 - 0.45 = 10.25$

②　pH 8.0 における $\alpha_{Y^{4-}}$ は $\log \alpha_{Y^{4-}} = -2.27$

　　$\log K'_f = 10.70 - 2.27 = 8.43$

③　pH 5.0 における $\alpha_{Y^{4-}}$ は $\log \alpha_{Y^{4-}} = -6.45$

　　$\log K'_f = 10.70 - 6.45 = 4.25$

問4　EDTA と Cu^{2+} 及び Zn^{2+} とのキレートについて pH4.0 における条件付安定度定数を計算しなさい。銅 (II) 及び亜鉛 (II) キレートの安定度定数はそれぞれ，$\log K_{CuY^{2-}} = 18.8$，$\log K_{ZnY^{2-}} = 16.5$ である。

解

pH4.0 において $\log \alpha_{Y^{4-}} = -8.44$

銅(II)-EDTA キレートの条件付安定度定数は

　　$\log K'_{CuY^{2-}} = 18.8 - 8.44 = 10.36$

亜鉛(II)-EDTA キレートの条件付安定度定数は

　　$\log K'_{ZnY^{2-}} = 16.5 - 8.44 = 8.06$

問5　pH4.0 において，金属の全濃度が 2.0×10^{-3} mol/L，過剰の遊離 EDTA 濃度が 1.0×10^{-4} mol/L のとき，$[Cu^{2+}]$ 及び $[Zn^{2+}]$ を計算しなさい。

解

pH4.0 における Cu(II)-EDTA 及び Zn(II)-EDTA キレートの条件付安定度定数は，問4 で求めたように，$\log K'_{CuY^{2-}} = 10.36$ 及び $\log K'_{ZnY^{2-}} = 8.06$ である。銅 (II) についての条件付安定度定数は

$$K'_{\mathrm{CuY}} = \frac{[\mathrm{CuY}^{2-}]}{[\mathrm{Cu}^{2+}]C_{\mathrm{H_4Y}}} = 10^{10.36}$$

亜鉛（II）については

$$K'_{\mathrm{ZnY}} = \frac{[\mathrm{ZnY}^{2-}]}{[\mathrm{Zn}^{2+}]C_{\mathrm{H_4Y}}} = 10^{8.06}$$

と表される。いま，金属イオンと結合していない遊離 EDTA 濃度は $C_{\mathrm{H_4Y}} = 1.0 \times 10^{-4}\,\mathrm{mol/L}$ である。また，条件付安定度定数が十分に大きいので金属イオンはほぼ全てが EDTA キレートになっている。つまり，$[\mathrm{MY}^{2-}] \approx 2.0 \times 10^{-3}\,\mathrm{mol/L}$ とみなすことができる。これらの値を代入して遊離金属イオン濃度を求める。

$$\frac{2.0 \times 10^{-3}}{[\mathrm{Cu}^{2+}]1.0 \times 10^{-4}} = 10^{10.36} = 2.29 \times 10^{10}$$

$$\frac{2.0 \times 10^{-3}}{[\mathrm{Zn}^{2+}]1.0 \times 10^{-4}} = 10^{8.06} = 1.15 \times 10^{8}$$

これらから

$$[\mathrm{Cu}^{2+}] = \frac{2.0 \times 10^{-3}}{2.29 \times 10^{10} \times 1.0 \times 10^{-4}} = 8.73 \times 10^{-10}\,\mathrm{mol/L}$$

$$[\mathrm{Zn}^{2+}] = \frac{2.0 \times 10^{-3}}{1.15 \times 10^{8} \times 1.0 \times 10^{-4}} = 1.74 \times 10^{-7}\,\mathrm{mol/L}$$

問6　金属の全濃度が $1.0 \times 10^{-2}\,\mathrm{mol/L}$，過剰の遊離 EDTA 濃度が $1.0 \times 10^{-3}\,\mathrm{mol/L}$ のとき，pH10 と pH6.0 での遊離 Mg^{2+} 濃度を計算しなさい。

解

　Mg(II)-EDTA キレートの安定度定数は $\log K_{\mathrm{MgY}} = 8.7$ である。$\log \alpha_{\mathrm{Y^{4-}}}$ の値は，pH10 では $\log \alpha_{\mathrm{Y^{4-}}} = -0.45$，pH6.0 では $\log \alpha_{\mathrm{Y^{4-}}} = -4.65$ である。したがって，条件付安定度定数の値は，pH10 では $\log K'_{\mathrm{MgY}} = 8.25$，pH6.0 では $\log K'_{\mathrm{MgY}} = 4.05$ である。

　(i)　pH10 では，条件付安定度定数が十分に大きいので金属イオンはほぼすべてが EDTA キレートになっている。つまり，$[\mathrm{MY}^{2-}] \approx 1.0 \times 10^{-2}\,\mathrm{mol/L}$ とみなすことができる。また，Mg^{2+} と結合していない遊離 EDTA 濃度は $C_{\mathrm{H_4Y}} = 1.0 \times 10^{-3}\,\mathrm{mol/L}$ である。これらの値を代入して遊離金属イオン濃度を求める。

$$K'_{MgY} = \frac{[MgY^{2-}]}{[Mg^{2+}]C_{H_4Y}} = \frac{1.0 \times 10^{-2}}{[Mg^{2+}]1.0 \times 10^{-3}} = 10^{8.25}$$

$$[Mg^{2+}] = \frac{1.0 \times 10^{-2}}{1.78 \times 10^{8} \times 1.0 \times 10^{-3}} = 5.6 \times 10^{-8}$$

(ii) pH6.0では K'_{MgY} の値が小さいので全ての Mg(II) が EDTA キレートになっているとみなすことができない。この場合

$$C_{Mg} = [Mg^{2+}] + [MgY^{2-}] = [Mg^{2+}] (1 + K'_{MgY}C_{H_4Y})$$

$C_{Mg}=1.0\times10^{-2}\,mol/L$, $C_{H_4Y}=1.0\times10^{-3}\,mol/L$ 及び $K'_{MgY}=10^{4.05}$ を代入すると

$$1.0 \times 10^{-2} = [Mg^{2+}] (1 + 10^{4.05} \times 1.0 \times 10^{-3})$$

$$[Mg^{2+}] = \frac{1.0 \times 10^{-2}}{1 + 10^{4.05} \times 1.0 \times 10^{-3}} = \frac{1.0 \times 10^{-2}}{1 + 11.2} = 8.20 \times 10^{-4}\,mol/L$$

したがって $[MgY^{2-}]=1.0\times10^{-2}-8.20\times10^{-4}=9.2\times10^{-3}\,mol/L$ となる。

全 Mg (II) の約92% が EDTA 錯体として，約8% が遊離 Mg^{2+} として存在する。

6-5 キレート滴定

例題5 0.010 mol/L Ca^{2+} イオンを含む溶液 10 mL を緩衝溶液（pH10）で希釈して 50 mL とした。この溶液を 0.010 mol/L EDTA 溶液で滴定した。遊離の Ca^{2+} 濃度を計算し，加えた滴定剤の体積に対してプロットした滴定曲線を作成しなさい。

pH10 における Ca−EDTA 錯体の条件付安定度定数は

$$\log K'_f = 9.30 - 0.45 = 8.85$$

$$K'_f = 7.08 \times 10^{8}$$

定数が十分に大きいので Ca^{2+} と EDTA は定量的に反応すると考えられる。

(i) 当量点前の Ca^{2+} 濃度

残存する Ca^{2+} の物質量＝(最初に存在する Ca^{2+} の物質量)−(加えた EDTA の物質量)

この値をそのときの体積で割ると Ca^{2+} の濃度が求まる。

(ii) 当量点

　当量点において $[Ca^{2+}]=C_{H_4Y}$ である。ここで C_{H_4Y} はカルシウムイオンと結合していない EDTA の全濃度をしめす。また，ほぼすべての Ca(II) は EDTA キレートとして存在する。当量点での体積は 60 mL なので CaY^{2-} キレートの濃度は $[CaY^{2-}]=1.67\times10^{-3}$ mol/L となる。したがって，条件付安定度定数

$$K_f = \frac{[CaY^{2-}]}{[Ca^{2+}]C_{H_4Y}}$$

を用いると

$$[Ca^{2+}]^2 = \frac{[CaY^{2-}]}{K'_f} = \frac{1.67\times10^{-3}}{7.08\times10^8} = 2.36\times10^{-12}$$

$$[Ca^{2+}] = 1.54\times10^{-6}\,mol/L$$

(iii) 当量点以後

過剰 EDTA の物質量＝（滴下した EDTA の物質量）−（全 Ca の物質量）

この値をそのときの体積 V で割ると C_{H_4Y} の濃度が求まる。遊離 Ca^{2+} 濃度は，条件付安定度定数の式より計算する。また，各点において $[CaY^{2-}]$ の濃度は

$$2.0\times10^{-3}\,mol/L \times \frac{50\,mL}{(50+V)\,mL}$$

となる。エクセルを用いて計算した滴定曲線を以下に示す。pCa $=-\log[Ca^{2+}]$。

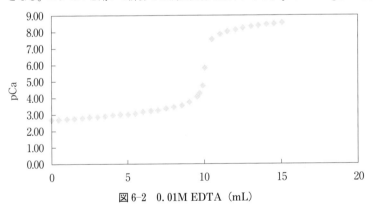

図 6-2　0.01M EDTA（mL）

問7　0.010 mol/L $ZnCl_2$ 溶液および 0.010 mol/L $CuCl_2$ 溶液がある。それぞれの 10 mL を緩衝溶液（pH5.0）で希釈して 50 mL とし 0.010 mol/L EDTA（H_4Y）溶液で滴定した。滴定曲線を作成し，終点での濃度飛躍を比較しなさい。

pH5.0 における EDTA 錯体の条件付安定度定数は

$$\log K'_{\text{CuY}^{2-}} = 18.8 - 6.45 = 12.35, \quad K'_{\text{CuY}^{2-}} = 2.24 \times 10^{12}$$
$$\log K'_{\text{ZnY}^{2-}} = 16.5 - 6.45 = 10.05, \quad K'_{\text{ZnY}^{2-}} = 1.12 \times 10^{10}$$

である。例題 2 と同様にエクセルを用いて計算，グラフ表示したものを以下に示す。

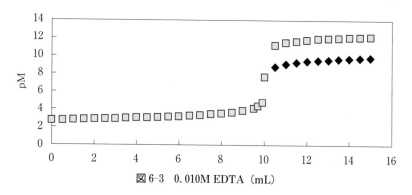

図6-3　0.010M EDTA（mL）

当量点近傍の金属イオン濃度の変化は Cu^{2+} の場合が Zn^{2+} に比べて大きくなる。一般に終点での濃度飛躍は条件付安定度定数が大きくなるほど大になる。

EDTA 類縁体の応用

コラム　　エチレンジアミン四酢酸（EDTA）はキレート滴定の試薬として広く汎用されている。その類縁体一つであるエチレングリコールビス（β−アミノエチルエーテル）四酢酸 （EGTA，図）は Mg イオンに比べて Ca イオンに対する親和性が著しく高い。安定度定数はそれぞれ pK＝11（Ca）および pK＝5.2（Mg）である（EDTA と比べてみよう）。このような特性は，Roger Y Tsien（1985）によって創始された Fura 2 蛍光の開発に生かされた。

　Tsien は EGTA 骨格を基礎として蛍光性色素を合成した。合成された色素（Fura 2）は Ca イオンと選択的に水溶性キレートを形成する。しかし，細胞を構成する脂質二分子膜はイオンを透過させないため，細胞外から細胞内に色素を導入するためには Fura2 を脂溶化する必要があった。一方，これは Fura 2 のキレート能を失うことでもあった。Tsien はカルボキシル基をエステル化して膜を透過できるように変え（Fura 2-AM の合成），細胞内に元々存在する酵素エステラーゼを利用してキレート能を復活させることを考えた。その結果，細胞内では Fura 2-AM は加水分解され Fura 2 になり，Ca キレート形成が可能になった。現在，Fura 2（蛍光色素）を用いるバイオイメージング法は“細胞内”のカルシウムの動態を可視化する方法として広く利用されている。

7 | 酸化還元平衡

7-1　酸化と還元

　酸化（oxidation）は，物質が電子を他の物質に与えて自らの酸化数が増す反応で，還元（reduction）は物質が電子を受け取って酸化数が減少する反応である。酸化と還元は必ず対をなして起こる。これを酸化還元反応（redox reaction）と呼ぶ。酸化あるいは還元に対応する個々の反応は半反応（half-reaction）と呼ばれる。半反応は常に物質（酸化体）が還元される向きに表す。

$$M^{n+}（酸化体）+ ne = M（還元体）$$

標準電位（下記参照）は半反応が右に進行する傾向の尺度である。電位の値が正であるほど酸化体は還元体になりやすく，反対に電位が負であるほど，還元体は酸化体になる傾向が強い。

例題 1　次の反応は自然に進行するか予測しなさい。

$$Cu^{2+} + Zn = Cu + Zn^{2+}$$

解

　この反応は Cu^{2+}/Cu 系及び Zn^{2+}/Zn 系が関与する酸化還元反応である。それぞれは以下の半反応で表される。

$$Cu^{2+} + 2e = Cu \qquad E^0 = 0.34V \tag{1}$$
$$Zn^{2+} + 2e = Zn \qquad E^0 = -0.76V \tag{2}$$

Cu^{2+}/Cu 系の標準電位は Zn^{2+}/Zn 系の電位よりより正であるので，Cu^{2+} が電子をうけとり Cu に還元される傾向が強い。一方，Zn は電子を与えて Zn^{2+} になる傾向が強い。すなわち Cu^{2+} は Zn から電子を受取り，Zn は電子を失って Zn^{2+} になる。つまり反応は右へ進行する。

問1 次の反応は自然に進行するか予測しなさい。

① $2Fe^{3+} + 2I^- = 2Fe^{2+} + I_2$

② $Ce^{3+} + Fe^{3+} = Ce^{4+} + Fe^{2+}$

解

① $Fe^{3+} + e = Fe^{2+}$ $E^0 = 0.771V$

     $I_2 + 2e = 2I^-$ $E^0 = 0.536V$

Fe^{3+}/Fe^{2+}系の電位がより正であるので反応は右に進む。

② $Ce^{4+} + e = Ce^{3+}$ $E^0 = 1.61V$

     $Fe^{3+} + e = Fe^{2+}$ $E^0 = 0.771V$

Ce^{4+}/Ce^{3+}系の電位がより正であるので，Ce^{4+}がFe^{2+}から電子をうけとりCe^{3+}に還元され，Fe^{2+}はFe^{3+}に酸化される。反応は進行しない（左に進む）。

7-2 電位とネルンスト式

ネルンスト（Nernst）式は半反応の電位を表す。次式の半反応に対して

$$Ox + ne^- = Red \tag{1}$$

Nernst 式は

$$E = E^0 + \frac{RT}{nF} \ln \frac{a_{Ox}}{a_{Red}} \tag{2}$$

と表される。常用対数で表すと

$$E = E^0 + \frac{2.303\,RT}{nF} \log \frac{a_{Ox}}{a_{Red}} \tag{3}$$

となる。ここで，E は電位，E^0 は標準電位，n は反応に関与する電子数，F はファラデー定数，a_{OX} 及び a_{RED} はそれぞれ酸化体及び還元体の活量である。なお，対数の前の係数は n によって異なる値となる（表7-1）。酸化体及び還元体が純粋な固体の場合活量は1である。また，溶媒である水の活量は1である。

100

表 7-1　25℃ における係数の値

n	$2.303RT/nF$
1	59 mV
2	30 mV
3	20 mV
4	15 mV
5	12 mV

(1)　標準電位（E^0）

標準状態（すべての化学種の活量が 1）における半反応の電位を表す。例えば Fe^{3+}/Fe^{2+} 系の電位はネルンスト式

$$E = E^0_{Fe} + \frac{RT}{F}\ln\frac{a_{Fe^{3+}}}{a_{Fe^{2+}}} \tag{5}$$

で表されるが，標準電位は $a_{Fe^{3+}}$ 及び $a_{Fe^{2+}}$ の活量が 1 のときの電位 $E = E^0_{Fe}$ を指す。

(2)　見かけの標準電位（$E^{0\prime}$）

特定の溶液条件でのみ一定値を示すため，Nernst 式の標準電位と同じように用いることができる電位を見かけの標準電位と定義する。式量電位（formal potential）または見かけ電位とも呼ばれる。見かけの標準電位には活量係数および pH，安定度定数などの定数項を含む。例えば，ネルンスト式中の活量は活量係数とモル濃度の積であるから，(2) 式を書き直すと

$$E = E^0 + \frac{RT}{nF}\ln\frac{f_{OX}}{f_{RED}} + \frac{RT}{nF}\ln\frac{[Ox]}{[Red]} \tag{6}$$

見かけの標準電位 $E^{0\prime}$ は

$$E^{0\prime} = E^0 + \frac{RT}{nF}\ln\frac{f_{OX}}{f_{RED}} \tag{7}$$

となり活量係数を含む。見かけの標準電位を用いるとネルンスト式は

$$E = E^{0\prime} + \frac{RT}{nF}\ln\frac{[Ox]}{[Red]}$$

と表される。

例題2 次の半反応の Nernst 式を書きなさい。ただし，イオンの活量係数は1とする。

① $Fe^{3+} + e^- = Fe^{2+}$

② $Ag^+ + e^- = Ag$

③ $MnO_4^- + 8H^+ + 5e^- = Mn^{2+} + 4H_2O$

① $E = E^0_{Fe} + \dfrac{RT}{F} \ln \dfrac{[Fe^{3+}]}{[Fe^{2+}]}$

対数の分子が酸化体，分母が還元体となるときは対数の前の符号はプラスである。逆にすると−になることに注意する。

② 半反応からは

$$E = E^0_{Ag} + \frac{RT}{F} \ln \frac{[Ag^+]}{[Ag]}$$

と書けるが，純粋固体中の Ag の活量は1であるので E^0_{Ag} に含める

$$E = E^0_{Ag} + \frac{RT}{F} \ln [Ag^+]$$

③ 半反応に H_2O 項が含まれるので，

$$E = E^0_{MnO_4^-} + \frac{RT}{5F} \ln \frac{[MnO_4^-][H^+]^8}{[Mn^{2+}][H_2O]^4}$$

と書けるが，溶媒としての水は大過剰に存在する。活量は1とみなし $E^0_{MnO_4^-}$ に含める。

$$E = E^0_{MnO_4^-} + \frac{RT}{5F} \ln \frac{[MnO_4^-][H^+]^8}{[Mn^{2+}]}$$

次の半反応の Nernst 式を書きなさい。ただし，各化学種の活量係数は1とする。

① $Fe(CN)_6^{3-} + e^- = Fe(CN)_6^{4-}$

② $I_3^- + 2e^- = 3I^-$

③ $Cr_2O_7^{2-} + 14H^+ + 6e^- = 2Cr^3 + 7H_2O$

④ $AgCl + e^- = Ag + Cl^-$

解

① $E = E^0_{Fe(CN)_6} + \dfrac{RT}{F} \ln \dfrac{[Fe(CN)_6^{3-}]}{[Fe(CN)_6^{4-}]}$

② I_3^- は，I_2 と I^- との錯体である。

$I^- + I_2 = I_3^-$

$E = E^0_{I_3} + \dfrac{RT}{2F} \ln \dfrac{[I_3^-]}{[I^-]^3}$

③ $E = E^0_{Cr_2O_7} + \dfrac{RT}{6F} \ln \dfrac{[Cr_2O_7^{2-}][H^+]^{14}}{[Cr^{3+}]^2}$

④ $E = E^0_{AgCl} + \dfrac{RT}{F} \ln \dfrac{[AgCl]}{[Ag][Cl^-]}$

と書けるが，純粋固体 AgCl と Ag の活量は 1 であるから

$E = E^0_{AgCl} - \dfrac{RT}{F} \ln [Cl^-]$

問3 次の溶液の電位を計算しなさい。ただし，イオンの活量係数は 1 とする。

① $0.0010\,mol/L\ Fe^{3+}$ 及び $0.010\,mol/L\ Fe^{2+}$ を含む溶液
② $0.010\,mol/L\ Fe^{3+}$ 及び $0.0010\,mol/L\ Fe^{2+}$ を含む溶液
③ $0.020\,mol/L\ MnO_4^-$ 及び $0.010\,mol/L\ Mn^{2+}$ を含む pH5.0 の溶液
④ $0.020\,mol/L\ MnO_4^-$ 及び $0.010\,mol/L\ Mn^{2+}$ を含む pH1.0 の溶液

解

① Fe^{3+}/Fe^{2+} 系のネルンスト式は

$E = E^0_{Fe} + \dfrac{RT}{F} \ln \dfrac{[Fe^{3+}]}{[Fe^{2+}]}$

標準電位 $E^0_{Fe}=0.771V$，$[Fe^{3+}]=0.0010\,mol/L$，$[Fe^{2+}]=0.010\,mol/L$ を代入すると

$$E = 0.771 + \frac{2.303\,RT}{F} \log \frac{0.0010}{0.010} = 0.771 + 0.059 \log 0.1$$

$$= 0.771 - 0.059 = 0.712\,\text{V}$$

② Fe^{3+}/Fe^{2+} 系のネルンスト式に，標準電位 $E^0_{Fe}=0.771\text{V}$, $[Fe^{3+}]=0.010\,\text{mol/L}$, $[Fe^{2+}]=0.0010\,\text{mol/L}$ を代入すると

$$E = 0.771 + \frac{2.303\,RT}{F} \log \frac{0.010}{0.0010} = 0.771 + 0.059 \log 10 = 0.830\,\text{V}$$

Fe^{3+}/Fe^{2+}系の電位は酸化体（Fe^{3+}）と還元体（Fe^{2+}）の濃度の比に依存して変わる。

③ MnO_4^-/Mn^{2+}系のネルンスト式は

$$E = E^0_{MnO_4} + \frac{RT}{5F} \ln \frac{[MnO_4^-][H^+]^8}{[Mn^{2+}]}$$

$E^0_{MnO_4}=1.51\text{V}$, $[MnO_4^-]=0.020\,\text{mol/L}$, $[Mn^{2+}]=0.010\,\text{mol/L}$, $[H^+]=10^{-5}\,\text{mol/L}$ を代入すると

$$E = 1.51 + \frac{0.059}{5} \log \frac{0.020 \times (10^{-5})^8}{0.010} = 1.51 + \frac{0.059}{5} \log 2 \times 10^{-40}$$

$$= 1.51 + 0.0118 \times \log 2 + 0.0118 \times \log 10^{-40} = 1.04\,\text{V}$$

④ $E^0_{MnO_4}=1.51\text{V}$, $[MnO_4^-]=0.020\,\text{mol/L}$, $[Mn^{2+}]=0.010\,\text{mol/L}$, $[H^+]=10^{-1}\,\text{mol/L}$ を代入すると

$$E = 1.51 + \frac{0.059}{5} \log \frac{0.020 \times (10^{-1})^8}{0.010} = 1.51 + \frac{0.059}{5} \log 2 \times 10^{-8}$$

$$= 1.51 + 0.0118 \times (-7.70) = 1.51 - 0.091 = 1.42\,\text{V}$$

③ と比較すると，pH1 のほうがより正の電位である。すなわち，酸性になると MnO_4^- の酸化力が増す（MnO_4^-自身は還元される傾向が強くなる）。

7-3　電位におよぼす pH，沈殿形成，錯形成の影響

溶液の pH，沈殿形成，錯形成などによって電位の値は変化する。電位が変化すると，物質の酸化力あるいは還元力も変化する。半反応の電位とこれらのパラメーターを関係づけることによって物質の酸化還元反応の特性を予

104

測することができる。

例題 3　MnO_4^-/Mn^{2+} 系の半反応は次式で示される。

$$MnO_4^- + 8H^+ + 5e = Mn^{2+} + 4H_2O$$

この系の見かけの電位は，溶液の pH によってどのように変化するか示しなさい。各化学種の活量係数は 1 とする。

解

半反応の Nernst 式は

$$E = E^0{}_{MnO_4} + \frac{RT}{5F} \ln \frac{[MnO_4^-][H^+]^8}{[Mn^{2+}]}$$

水素イオンの項を対数の外にだして整理すると

$$E = E^0{}_{MnO_4} + \frac{8RT}{5F} \ln[H^+] + \frac{RT}{5F} \ln \frac{[MnO_4^-]}{[Mn^{2+}]}$$

見かけの電位 $E^{0'}{}_{MnO_4}$ を新たに定義する。

$$E^{0'}{}_{MnO_4} = E^0{}_{MnO_4} + \frac{8RT}{5F} \ln[H^+]$$

$$E^{0'}{}_{MnO_4} = E^0{}_{MnO_4} + \frac{8 \times 2.303RT}{5F} \log[H^+]$$

$pH = -\log[H^+]$ であるから

$$E^{0'}{}_{MnO_4} = E^0{}_{MnO_4} - \frac{8 \times 0.059}{5} pH = 1.51 - 0.094\,pH$$

見かけの電位は pH が小さくなると正の電位へと移動する。すなわち MnO_4^- イオンの酸化力は pH が小さいほど高くなる。

問4　次の酸化還元系について見かけの電位と pH の関係を示しなさい。各化学種の活量係数は 1 とする。

① $Cr_2O_7^{2-} + 14H^+ + 6e = 2Cr^{3+} + 7H_2O$

② $PbO_2 + 4H^+ + 2e = Pb^{2+} + 2H_2O$

③ $H_3AsO_4 + 2H^+ + 2e = H_3AsO_3 + H_2O$

④ $H_2O_2 + 2H^+ + 2e = 2H_2O$

① $E = E^0_{Cr_2O_7} + \dfrac{2.303\,RT}{6F} \log \dfrac{[Cr_2O_7^{2-}][H^+]^{14}}{[Cr^{3+}]^2}$

$E = E^0_{Cr_2O_7} + \dfrac{0.059}{6} \log[H^+]^{14} + \dfrac{0.059}{6} \log \dfrac{[Cr_2O_7^{2-}]}{[Cr^{3+}]^2}$

$E^{0'}_{Cr_2O_7} = E^0_{Cr_2O_7} + \dfrac{0.059}{6} \log[H^+]^{14}$

$E^{0'}_{Cr_2O_7} = E^0_{Cr_2O_7} + \dfrac{14 \times 0.059}{6} \log[H^+] = E^0_{Cr_2O_7} + 0.138 \log[H^+]$

$E^{0'}_{Cr_2O_7} = E^0_{Cr_2O_7} - 0.138\,pH$

② $E = E^0_{PbO_2} + \dfrac{0.059}{2} \log \dfrac{[H^+]^4}{[Pb^{2+}]}$

$E = E^0_{PbO_2} + \dfrac{0.059}{2} \log[H^+]^4 + \dfrac{0.059}{2} \log \dfrac{1}{[Pb^{2+}]}$

$E^{0'}_{PbO_2} = E^0_{PbO_2} + \dfrac{0.059}{2} \log[H^+]^4$

$E^{0'}_{PbO_2} = E^0_{PbO_2} + \dfrac{4 \times 0.059}{2} \log[H^+] = E^0_{PbO_2} - 0.118\,pH$

③ $E = E^0_{AsO_4} + \dfrac{0.059}{2} \log \dfrac{[H_3AsO_4][H^+]^2}{[H_3AsO_3]}$

$E = E^0_{AsO_4} + \dfrac{0.059}{2} \log[H^+]^2 + \dfrac{0.059}{2} \log \dfrac{[H_3AsO_4]}{[H_3AsO_3]}$

$E^{0'}_{AsO_4} = E^0_{AsO_4} + \dfrac{0.059}{2} \log[H^+]^2$

$E^{0'}_{AsO_4} = E^0_{AsO_4} + \dfrac{2 \times 0.059}{2} \log[H^+] = = E^0_{AsO_4} - 0.059\,pH$

④ $E = E^0_{H_2O_2} + \dfrac{0.059}{2} \log[H_2O_2][H^+]^2$

$E = E^0_{H_2O_2} + \dfrac{0.059}{2} \log[H^+]^2 + \dfrac{0.059}{2} \log[H_2O_2]$

$E^{0'}_{H_2O_2} = E^0_{H_2O_2} + \dfrac{0.059}{2} \log[H^+]^2$

$$E^{0\prime}{}_{\text{H}_2\text{O}_2} = E^0{}_{\text{H}_2\text{O}_2} - 0.059\,\text{pH}$$

問5 $\text{Hg}_2\text{Cl}_2/\text{Hg}$ 系の半反応は次式で表される。

$$\text{Hg}_2\text{Cl}_2 + 2e = 2\text{Hg} + 2\text{Cl}^- \quad E^0 = 0.268\text{V}$$

① この系の電位は塩化物イオンが共存するとどのように変わるか。

② $1.0\,\text{mol/L}$ KCl が共存する場合の電位を計算しなさい。ただし，イオン強度 I=1.0 における塩化物イオンの活量係数は $f_{\text{Cl}^-}=0.50$ とする。

解

$\text{Hg}_2\text{Cl}_2/\text{Hg}$ 系の Nernst 式は

$$E = E^0{}_{\text{Hg}_2\text{Cl}_2} + \frac{RT}{2F}\ln\frac{a_{\text{Hg}_2\text{Cl}_2}}{a_{\text{Hg}}{}^2 a_{\text{Cl}^-}{}^2} \tag{1}$$

Hg と Hg_2Cl_2 は純粋な固体であるので活量は 1 となる。

$$E = E^0{}_{\text{Hg}_2\text{Cl}_2} - \frac{RT}{2F}\ln(a_{\text{Cl}^-})^2 \tag{2}$$

整理すると

$$E = E^0{}_{\text{Hg}_2\text{Cl}_2} - \frac{RT}{F}\ln a_{\text{Cl}^-} = E^0{}_{\text{Hg}_2\text{Cl}_2} - 0.059\log a_{\text{Cl}^-} \tag{3}$$

となる。半反応の電位は塩化物イオンの活量（濃度）が大きくなると負の電位へ移動する。

② $E^0 = 0.268$ V, $a_{\text{Cl}^-} = 0.50 \times 1.0 = 0.50$ を代入すると

$$E = 0.268 - 0.059\log(0.50)$$
$$E = 0.268 - 0.059 \times (-0.3)$$
$$= 0.268 + 0.018 = 0.286\text{V}$$

問6 Ag^+/Ag 系の半反応は次式で表される

$$\text{Ag}^+ + e = \text{Ag} \quad E^0 = 0.799\text{ V}$$

塩化物イオンが共存すると AgCl の難溶性塩が生成する。その溶解度積は

$$K^0_{sp} = a_{\text{Ag}^+} \cdot a_{\text{Cl}^-} = 1.8 \times 10^{-10}$$

とする。見かけの標準電位 $E^{0\prime}{}_{\text{Ag}}$ を計算しなさい。

解

溶解度積から

$$a_{Ag^+} = \frac{K_{sp}^0}{a_{Cl^-}} = \frac{1.8 \times 10^{-10}}{a_{Cl^-}}$$

Ag^+/Ag 系の Nernst 式に代入すると

$$E = 0.799 + 0.059 \log \frac{1.8 \times 10^{-10}}{a_{Cl^-}}$$

$$E = 0.799 + 0.059 \log 1.8 \times 10^{-10} - 0.059 \log a_{Cl^-}$$

定数項（K_{sp}^0）を含む新しい標準電位として $E^{0'}{}_{Ag}$ を定義すると

$$E^{0'}{}_{Ag} = 0.799 + 0.059 \log 1.8 \times 10^{-10}$$

$$E^{0'}{}_{Ag} = 0.799 - 0.059 \times 9.74 = 0.224V$$

問7　水素イオン濃度が $2.0\,mol/L$ の場合，$1.0 \times 10^{-3}\,mol/L$ の Cl^- イオンおよび $1.0 \times 10^{-3}\,mol/L$ の Cl_2 を含む水溶液中で塩化物イオンは酸化されるか。計算により予測しなさい。各化学種の活量係数は1とする。

①　$1.0 \times 10^{-3}\,mol/L$ の $Cr_2O_7{}^{2-}$ イオン及び $1.0 \times 10^{-4}\,mol/L$ Cr^{3+} イオンを含む溶液

②　$1.0 \times 10^{-3}\,mol/L$ の $MnO_4{}^-$ イオン及び $1.0 \times 10^{-4}\,mol/L$ Mn^{2+} イオンを含む溶液

解

①　$Cr_2O_7{}^{2-}/Cr^{3+}$ 系の半反応は

$$Cr_2O_7{}^{2-} + 14H^+ + 6e = 2Cr^{3+} + 7H_2O$$

Nernst 式は

$$E = E^0{}_{Cr_2O_7} + \frac{0.059}{6} \log \frac{[Cr_2O_7{}^{2-}][H^+]^{14}}{[Cr^{3+}]^2}$$

$[Cr_2O_7{}^{2-}] = 10^{-3}$，$[Cr^{3+}] = 10^{-4}$，$[H^+] = 2.0$ 及び $E^0{}_{Cr_2O_7} = 1.33$ を代入すると

$$E = 1.33 + \frac{0.059}{6} \log \frac{10^{-3}(2.0)^{14}}{(10^{-4})^2}$$

$$E = 1.33 + \frac{0.059}{6} \log \frac{10^{-3}(2.0^3 \times 2.0^3 \times 2.0^3 \times 2.0^3 \times 2.0^2)}{(10^{-4})^2}$$

$$= 1.33 + 0.091 = 1.42V$$

一方，塩化物イオンの関与する半反応は

$$Cl_2 + 2e = 2Cl^-$$

この系の電位は pH に依存しない。

$$E = E^0_{Cl_2} + \frac{0.059}{2} \log \frac{[Cl_2]}{[Cl^-]^2}$$

$[Cl^-] = 10^{-3}$，$[Cl_2] = 10^{-3}$ 及び $E^0_{Cl_2} = 1.359$ を代入すると

$$E = 1.359 + \frac{0.059}{2} \log \frac{10^{-3}}{(10^{-3})^2} = 1.359 + 0.089 = 1.448\,V$$

$Cr_2O_7^{2-}/Cr^{3+}$ 系の電位は Cl_2/Cl^- 系の電位より負であるので，$Cr_2O_7^{2-}$ は Cl^- を酸化できない。

② 例題 3 より

$$E = E^0_{MnO_4} + \frac{RT}{5F} \ln \frac{[MnO_4^-][H^+]^8}{[Mn^{2+}]}$$

$[MnO_4^-] = 10^{-3}$，$[Mn^{2+}] = 10^{-4}$，$[H^+] = 2.0$ 及び $E^0_{MnO_4}$ を代入すると

$$E = 1.51 + \frac{0.059}{5} \log \frac{10^{-3}(2.0)^8}{10^{-4}}$$

$$E = 1.51 + \frac{0.059}{5} \log \frac{10^{-3}(2.0^3 \times 2.0^3 \times 2.0^2)}{10^{-4}}$$

$$= 1.51 + 0.040 = 1.55\,V$$

電位は塩素系よりも正である。Cl^- イオンは酸化される。

問 8 $0.10\,mol/L$ アンモニアが存在する水溶液中で $0.001\,mol/L$ 銅（II）の酸化力はどうなるか。ただし，$0.10\,mol/L$ アンモニアが共存するとき銅（II）のほぼ全てが錯体に変わり，生成する錯体は $Cu(NH_3)_4^{2+}$ のみであるとする。銅（II）錯体の生成定数は $K_{Cu} = 10^{12.03}$。各化学種の活量係数は 1 とする。

解

$$Cu^{2+} + 2e = Cu \qquad E^0_{Cu} = 0.337$$

$$E = 0.337 + \frac{0.059}{2} \log[Cu^{2+}] = 0.337 + \frac{0.059}{2} \log 1.0 \times 10^{-3} = 0.248\,V$$

Cu（II）錯体の生成定数は

$$K_{Cu} = \frac{[Cu(NH_3)_4^{2+}]}{[Cu^{2+}][NH_3]^4} = 10^{12.03}$$

銅イオン濃度は生成定数を用いて次式により求まる。

$$[Cu^{2+}] = \frac{[Cu(NH_3)_4^{2+}]}{K_{Cu}[NH_3]^4}$$

ほぼ全ての銅イオンが錯体を形成しているので，$[Cu(NH_3)_4^{2+}] \approx 0.001\ mol/L$，錯体生成に消費されるアンモニアはたかだか 0.004 mol/L であるからアンモニアの全濃度に対して無視できる。すなわち $[NH_3] \approx 0.10\ mol/L$。これらの値と生成定数から

$$[Cu^{2+}] = \frac{10^{-3}}{10^{12.03} \times 10^{-4}} = 10^{-11.03}$$

この値を Nernst 式に代入すると

$$E = 0.337 + \frac{0.059}{2}\log 10^{-11.03} = 0.337 - 0.325 = 0.012\,V$$

アンモニアが存在しない場合の電位 0.248 V に比べ，電位は負の方向へ移動する。したがって銅（II）イオンの酸化力はアンモニアが存在すると著しく低下する。Cu（II）イオン自身は還元されにくくなる。

起電力測定と化学センサー

　電位差法（ポテンシオメトリー）と呼ばれる方法は電池の起電力を測定する分析法であるが，化学センサーの原理として重要である。イオンセンサーでは，膜（membrane）を感応部としてもつ電極を使用する。例えば pH 測定では，ガラス電極を指示電極に用いる。イオン選択性電極（イオンセンサー）法もまた電位差を測定する。抗生物質バリノマイシンは大環状物質で，K^+ イオンを選択的にその環の中に取り込む性質をもつ。バリノマイシンを有機溶媒に溶解した液膜は K^+ イオン選択性電極の感応膜であり，K^+ イオン選択性電極を用いる電位差法は血液中の K^+ イオンの測定に利用されている。

7-4　電池の起電力

ガルバニ電池（cell）は次のように表される。

金属₁｜溶液（活量）‖ 溶液（活量）｜金属₂

金属₁及び金属₂は電極と呼ばれる。｜線は金属と溶液の界面を示し，‖線

110

は溶液と溶液が接している界面（液絡）を示す。一般に金属1と2を結線するのには同種の金属を用いるが，電池の表記からは除いてある。電池の右側の半反応は常に左側より高い電位をもつ半反応とする。

起電力（electromotive force）は右側の電位から左側の電位を引いた値である。

$$E_{emf} = E_{右} - E_{左}$$

全ての化学種の活量が1の場合は，標準電位の差となる。E^0_{emf} は標準起電力ともいう。

$$E^0_{emf} = E^0_{右} - E^0_{左}$$

例題4　次の電池の起電力を計算しなさい。
$$Zn \mid Zn^{2+}(a=1) \parallel Cu^{2+}(a=1) \mid Cu$$

右側の半反応は
$$Cu^{2+} + 2e = Cu \qquad E^0 = 0.34V$$
左側の半反応は
$$Zn^{2+} + 2e = Zn \qquad E^0 = -0.76V$$
すべての化学種の活量は1であるから，標準起電力は右側の標準電位から左側の標準電位を引いた差となる。
$$E^0_{emf} = 0.34 - (-0.76) = 1.10V$$

問9　次の電池の標準起電力あるいは起電力を計算しなさい。

① $Pt \mid H^+(a=1), H_2(1atm) \parallel Ag^+(a=1) \mid Ag$

② $Fe \mid Fe^{2+}(a=0.5) \parallel Cu^{2+}(a=1) \mid Cu$

③ $Ag \mid AgCl, Cl^-(a=1) \parallel KCl(sat), Hg_2Cl_2 \mid Hg$

④ $Pt \mid H^+(a=1), H_2(1atm) \parallel Fe^{3+}(0.30\,mol/L), Fe^{2+}(0.10\,mol/L) \mid Pt$

解

① 右側　　$Ag^+ + e = Ag$　　　　　$E^0 = 0.799V$

　　左側　　$2H^+ + 2e = H_2$　　　　　$E^0 = 0.000V$

すべての化学種の活量は 1。標準起電力は

$$E^0_{emf} = 0.799 - 0.000 = 0.799V$$

② 右側　　$Cu^{2+} + 2e = Cu$　　　　　$E^0 = 0.337V$

　　左側　　$Fe^{2+} + 2e = Fe$　　　　　$E^0 = -0.440V$

Cu 系の活量は全て 1 であるが，Fe^{2+} の活量は 0.5 であるから，ネルンスト式から左側の半反応の電位を計算する。

$$E = -0.440 + 0.030 \log a_{Fe^{2+}} = -0.440 + 0.030 \log 0.5$$

$$E = -0.440 + 0.030 \times (-0.30) = -0.449V$$

したがって起電力は

$$E_{emf} = 0.337 - (-0.449) = 0.786V$$

③ 右側　　$Hg_2Cl_2 + 2e = 2Hg + 2Cl^-$（飽和）　　　$E^0 = 0.268V$

　　左側　　$AgCl + e = Ag + Cl^-$　　　　$E^0 = 0.222V$

$$E^0_{emf} = 0.268 - 0.222 = 0.046V$$

④ 右側　　$Fe^{3+} + e = Fe^{2+}$　　　　$E^0 = 0.771V$

ネルンスト式から電位は

$$E = 0.771 + 0.059 \log \frac{0.30}{0.10} = 0.771 + 0.059 \times 0.477 = 0.799$$

　　左側　　$2H^+ + 2e = H_2$　　　$E^0 = 0.000V$

$$E_{emf} = 0.799 - 0.000 = 0.799V$$

7-5　電池の起電力と平衡定数

電池の起電力 E_{emf} と自由エネルギー変化 ΔG の関係は次式で示される。

$$-\Delta G = nFE_{emf} \tag{1}$$

標準状態では標準起電力を用いて

$$-\Delta G^0 = nFE^0_{emf} \tag{2}$$

自由エネルギー変化と平衡定数の間には $-\Delta G^0 = RT \ln K^0$ の関係があるの

で

$$nFE^0_{\text{emf}} = RT \ln K^0 \tag{3}$$

$$E^0_{\text{emf}} = \frac{RT}{nF} \ln K^0 \tag{4}$$

$$\log K^0 = \frac{nE^0_{\text{emf}}}{0.059} \tag{5}$$

標準起電力から熱力学的平衡定数を計算することができる。一方，濃度平衡定数は起電力から次式により求まる。

$$\log K = \frac{nE_{\text{emf}}}{0.059} \tag{6}$$

例題5 次の反応の平衡定数を計算しなさい。

$$Ce^{4+} + Fe^{2+} = Ce^{3+} + Fe^{3+}$$

関与する半反応は

$$Ce^{4+} + e = Ce^{3+} \qquad E^0 = 1.695$$

及び

$$Fe^{3+} + e = Fe^{2+} \qquad E^0 = 0.771$$

系の標準起電力は

$$E^0_{\text{emf}} = 1.695 - 0.771 = 0.924\text{V}$$

$$\log K^0 = \frac{nE^0_{\text{emf}}}{0.059} = \frac{1 \times 0.924}{0.059} = 15.66$$

熱力学的平衡定数として $K^0 = 4.57 \times 10^{15}$

問10 次の反応の熱力学的平衡定数を標準起電力から計算しなさい。

① $2Fe^{3+} + Cu = 2Fe^{2+} + Cu^{2+}$

② $Cr_2O_7^{2-} + 6Fe^{2+} + 14H^+ = 2Cr^{3+} + 6Fe^{3+} + 7H_2O$

③ $2Fe^{3+} + 2I^- = 2Fe^{2+} + I_2$

① $Fe^{3+} + e = Fe^{2+}$　　　$E^0 = 0.771$

$Cu^{2+} + 2e = Cu$　　　$E^0 = 0.337$

$E^0_{emf} = 0.771 - 0.337 = 0.434V$

$\log K^0 = \dfrac{2 \times 0.434}{0.059} = 14.71$

$K^0 = 5.13 \times 10^{14}$

Fe^{3+}/Fe^{2+}系の半反応に関与する電子数は n=1 であるが，全反応には Fe^{3+} が 2 mol 関わるので電子数は n=2 となる。

② $Cr_2O_7^{2-} + 14H^+ + 6e = 2Cr^{3+} + 7H_2O$　　　$E^0 = 1.33V$

$Fe^{3+} + e = Fe^{2+}$　　　$E^0 = 0.771$

$E^0_{emf} = 1.33 - 0.771 = 0.559V$

$\log K^0 = \dfrac{6 \times 0.559}{0.059} = 56.85$

$K^0 = 7.08 \times 10^{56}$

③ $Fe^{3+} + e = Fe^{2+}$　　　$E^0 = 0.77$

$I_2 + 2e = 2I^-$　　　$E^0 = 0.54$

$E^0_{emf} = 0.77 - 0.54 = 0.23V$

$\log K^0 = \dfrac{2 \times 0.23}{0.059} = 7.8$

$K^0 = 6.0 \times 10^7$

　　　次の電池の起電力を測定した結果，起電力は $E_{emf} = 0.157V$ であった。AgI の溶解度積はいくらか。

$$Ag \mid AgI,\ I^-(0.10M) \parallel H_2(1atm),\ H^+(a=1) \mid Pt$$

　　　左側の半反応は次式で示される。

$$AgI + e = Ag + I^-$$

Nernst 式は

$$E = E^0_{\text{AgI}} - 0.059 \log a_{\text{I}^-}$$

である。いま，起電力の測定結果から

$$0.157 = E_{\text{右}} - E_{\text{左}}$$

$$E_{\text{左}} = 0.000 - 0.157$$

したがって，左側の半反応の電位は

$$E_{\text{左}} = -0.157\text{V}$$

である。I^-の活量係数を1として，E^0_{AgI}を求めると

$$-0.157 = E^0_{\text{AgI}} - 0.059 \log 0.10$$

$$E^0_{\text{AgI}} = (-0.157) - 0.059 = -0.216$$

ここで標準電位は$E^0_{\text{AgI}} = E^0_{\text{Ag}} + 0.059 \log K^0_{\text{sp}}$である。$E^0_{\text{Ag}} = 0.799$を代入すると

$$-0.216 = 0.799 + 0.059 \log K^0_{\text{sp}}$$

$$\log K^0_{\text{sp}} = \frac{(-0.216) - 0.799}{0.059} = -17.20$$

$$K^0_{\text{sp}} = 10^{-17.20} = 10^{0.80} \times 10^{-18} = 6.31 \times 10^{-18}$$

7-6　酸化還元滴定

例題6　$1\,\text{mol/L}$硫酸酸性溶液中で，$0.10\,\text{mol/L}\,\text{Fe}^{2+}$溶液$100\,\text{mL}$を$0.10\,\text{mol/L}\,\text{Ce}^{4+}$溶液で滴定するときの滴定曲線を作成しなさい。滴定反応は次式で示される。

$$\text{Fe}^{2+} + \text{Ce}^{4+} = \text{Fe}^{3+} + \text{Ce}^{3+}$$

ただし，硫酸酸性溶液中での見かけの電位$E^{0'}$は

$$E^{0'}_{\text{Ce(IV/Ce(III)}} = 1.44\text{V}$$

$$E^{0'}_{\text{Fe(III)/Fe(II)}} = 0.68\text{V}$$

である。

　滴定前：Fe^{2+}を含む酸性溶液では空気酸化によってわずかであるがFe^{3+}が生成する。そのため滴定前の溶液について$\text{Fe}^{3+}/\text{Fe}^{2+}$系の酸化還元系が成立しネルンスト式は次式のように表される。$E^{0'}$は見かけの電位である。

$$E = E^{0'} + \frac{RT}{nF} \ln \frac{[Fe^{3+}]}{[Fe^{2+}]}$$

しかし，Fe^{3+} はどの程度存在するかはわからないので正確な電位は計算できない。

当量点前：Ce^{4+} 溶液を適下すると次の酸化還元平衡が成り立つ。

$$Fe^{2+} + Ce^{4+} = Fe^{3+} + Ce^{3+}$$

酸化還元系のネルンスト式は

$$E = E^{0'}_{Fe} + 0.059 \log \frac{[Fe^{3+}]}{[Fe^{2+}]} \qquad = E^{0'}_{Fe} = 0.68\,V$$

および

$$E = E^{0'}_{Ce} + 0.059 \log \frac{[Ce^{4+}]}{[Ce^{3+}]} \qquad E^{0'}_{Ce} = 1.44\,V$$

同じ溶液を扱っているので，どちらの関係も成り立っている。当量点前では，過剰な Fe^{2+} が残存し，一方，Ce^{4+} 濃度は事実上ゼロとなる。滴定の進行にともなう体積の増加を考慮すると，Fe^{2+} と Fe^{3+} の濃度はそれぞれ

$$[Fe^{2+}] = \frac{0.10\,\mathrm{mmol/mL} \times 100\,\mathrm{mL} - 0.10\,\mathrm{mmol/mL} \times V_{added}\,(\mathrm{mL})}{100\,\mathrm{mL} + V_{added}\,(\mathrm{mL})}$$

$$[Fe^{3+}] = \frac{0.10\,\mathrm{mmol/mL} \times V_{added}\,(\mathrm{mL})}{100\,\mathrm{mL} + V_{added}\,(\mathrm{mL})}$$

となる。これらから計算した Fe^{2+} および Fe^{3+} 濃度を代入し電位を計算する。

当量点：当量点では Fe^{3+}/Fe^{2+} と Ce^{4+}/Ce^{3+} 系の電位は等しくなる。

$$2E = E^{0'}_{Fe} + E^{0'}_{Ce} + 0.059 \log \frac{[Fe^{3+}][Ce^{4+}]}{[Fe^{2+}][Ce^{3+}]}$$

また，次の関係がある。

$$[Fe^{2+}] = [Ce^{4+}] \qquad および \qquad [Fe^{3+}] = [Ce^{3+}]$$

これらの関係を用いると，対数項はゼロとなり

$$2E = E^{0'}_{Fe} + E^{0'}_{Ce}$$

当量点での電位は

$$E = \frac{E^{0'}_{Fe} + E^{0'}_{Ce}}{2}$$

となる。

当量点以降：過剰の $[Ce^{4+}]$ が存在する。次式から $[Ce^{4+}]$ および $[Ce^{3+}]$

濃度を計算する。

$$[Ce^{4+}] = \frac{0.10\,\mathrm{mmol/mL} \times V_{added}\,(\mathrm{mL}) - 0.10\,\mathrm{mmol/mL} \times 100\,\mathrm{mL}}{100\,\mathrm{mL} + V_{added}\,(\mathrm{mL})}$$

$$[Ce^{3+}] = \frac{0.10\,\mathrm{mmol/mL} \times 100\,\mathrm{mL}}{100\,\mathrm{mL} + V_{added}\,(\mathrm{mL})}$$

これらの関係式を用いて図 7-1 の滴定曲線を作成することができる。

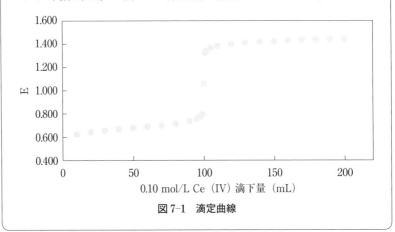

図 7-1　滴定曲線

問 12　フェロインの還元体 $Fe(phen)_3^{2+}$ は赤色を呈する。その酸化体 $Fe(phen)_3^{3+}$ は淡青色を示す。見かけの標準電位は $E^{0'} = 1.06\,\mathrm{V}$（1 mol/L 硫酸中）である。硫酸酸性の次の溶液はフェロインの還元体を酸化できるか。ただし，各化学種の活量係数は全て 1 と仮定する。

① 　1.0×10^{-5} mol/L Fe^{3+} と 1.0×10^{-2} mol/L Fe^{2+} の混合溶液

② 　1.0×10^{-2} mol/L Fe^{3+} と 1.0×10^{-5} mol/L Fe^{2+} の混合溶液

③ 　1.0×10^{-5} mol/L Ce^{4+} と 1.0×10^{-2} mol/L Ce^{3+} の混合溶液

④ 　1.0×10^{-2} mol/L Ce^{4+} と M1.0×10^{-5} mol/L Ce^{3+} の混合溶液

Fe(IV)/Fe(III) 系のネルンスト式に代入して電位を計算する。

① 　$E = 0.674 + 0.059 \log \dfrac{1.0 \times 10^{-5}}{1.0 \times 10^{-2}} = 0.497\,\mathrm{V}$

② $E = 0.674 + 0.059 \log \dfrac{1.0 \times 10^{-2}}{1.0 \times 10^{-5}} = 0.851\,\mathrm{V}$

③ Ce(IV)/Ce(III) 系のネルンスト式に代入して電位を計算する。

$$E = 1.44 + 0.059 \log \frac{1.0 \times 10^{-5}}{1.0 \times 10^{-2}} = 1.26\,\mathrm{V}$$

④ $E = 1.44 + 0.059 \log \dfrac{1.0 \times 10^{-2}}{1.0 \times 10^{-5}} = 1.62\,\mathrm{V}$

Fe(IV)/Fe(III) 系の電位はフェロイン系の電位よりも負なのでフェロインを酸化できない。

一方，Ce(IV)/Ce(III) 系はフェロインを酸化できるので変色が起こる。

付表 1　標準電極電位（水溶液，25℃）

半反応	V vs. NHE
$Ag^+ + e \leftrightarrows Ag$	$+0.80$
$AgCl + e \leftrightarrows Ag + Cl^-$	$+0.22$
$Br_2 + 2e \leftrightarrows 2\,Br^-$	$+1.09$
$Cd^{2+} + 2e \leftrightarrows Cd$	-0.40
$Ce^{4+} + e \leftrightarrows Ce^{3+}$	$+1.72$
$Cl_2 + 2e \leftrightarrows 2Cl^-$	$+1.36$
$Co^{2+} + 2e \leftrightarrows Co$	-0.28
$Co^{3+} + e \leftrightarrows Co^{2+}$	$+1.92$
$Co(NH_3)_6^{3+} + e \leftrightarrows Co(NH_3)_6^{2+}$	$+0.06$
$Co(phen)_3^{3+} + e \leftrightarrows Co(phen)_3^{2+}$	$+0.33$
$Cr_2O_7^{2-} + 14H^+ + 6e \leftrightarrows 2Cr^{3+} + 7H_2O$	$+1.38$
$Cu^{2+} + 2e \leftrightarrows Cu$	$+0.34$
$Cu^{2+} + e \leftrightarrows Cu^+$	$+0.16$
$Cu(NH_3)_4^{2+} + 2e \leftrightarrows Cu + 4NH_3$	-0.00
$Fe^{2+} + 2e \leftrightarrows Fe$	-0.44
$Fe^{3+} + e \leftrightarrows Fe^{2+}$	$+0.77$
$Fe(phen)_3^{3+} + e \leftrightarrows Fe(phen)_3^{2+}$	$+1.13$
$Fe(CN)_6^{3-} + e \leftrightarrows Fe(CN)_6^{2-}$	$+0.36$
$2H^+ + 2e \leftrightarrows H_2$	0.00
$H_2O_2 + 2H^+ + 2e \leftrightarrows 2H_2O$	$+1.76$
$Hg_2Cl_2 + 2e \leftrightarrows 2Hg + 2Cl^-$	$+0.27$
$I_2 + 2e \leftrightarrows 2\,I^-$	$+0.54$
$Mn^{2+} + 2e \leftrightarrows Mn$	-1.18
$MnO_4^- + 8H^+ + 5e \leftrightarrows Mn^{2+} + 4H_2O$	$+1.51$
$Ni^{2+} + 2e \leftrightarrows Ni$	-0.26
$O_2 + 2H^+ + 2e \leftrightarrows H_2O_2$	$+0.70$
$Pb^{2+} + 2e \leftrightarrows Pb$	-0.13
$PbSO_4 + 2e \leftrightarrows Pb + SO_4^{2-}$	-0.36
$Sn^{2+} + 2e \leftrightarrows Sn$	-0.14
$Sn^{4+} + 2e \leftrightarrows Sn^{2+}$	$+0.15$
$Zn^{2+} + 2e \leftrightarrows Zn$	-0.76

付表 2 （1） 水和イオンの径に相当するパラメーターと活量係数

Inorganic ion	Parameter $10^8 \alpha_i$	Total ionic concentration			
		0.001	0.01	0.05	0.1
H^+	9	0.975	0.933	0.88	0.86
Li^+	6	.975	.929	.87	.835
Rb^+, Cs^+, NH^+_4, Ti^+, Ag^+	2.5	.975	.924	.85	.80
K^+, Cl^-, Br^-, I^-, CN^-, NO_2^-, NO_3^-	3	.975	.925	.85	.805
OH^-, F^-, NCS^-, NCO^-, HS^-, ClO_3^-, ClO_4^-, BrO_3^-, IO_4^-, MnO_4^-	3.5	.975	.926	.855	.81
Na^+, $CdCl^+$, ClO_2^-, IO_3^-, HCO_3^-, $H_2PO_4^-$, HSO_3^-, $H_2AsO_4^-$, $[Co(NH_3)_4(NO_2)_2]^+$	4-4.5	.975	.928	.86	.82
Hg_2^{2+}, SO_4^{2-}, $S_2O_3^{2-}$, $S_2O_6^{2-}$, $S_2O_8^{2-}$, SeO_4^{2-}, CrO_4^{2-}, HPO_4^{2-}	4	.903	.740	.545	.445
Pb^{2+}, CO_3^{2-}, SO_3^{2-}, MoO_4^{2-}	4.5	.903	.742	.55	.455
Sr^{2+}, Ba^{2+}, Ra^{2+}, Cd^{2+}, Hg^{2+}, S^{2-}, $S_2O_4^{2-}$, WO_4^{2-}	5	.903	.744	.555	.465
Ca^{2+}, Cu^{2+}, Zn^{2+}, Sn^{2+}, Mn^{2+}, Fe^{2+}, Ni^{2+}, Co^{2+}	6	.905	.749	.57	.485
Mg^{2+}, Be^{2+}	8	.906	.755	.595	.52
PO_4^{3-}, $[Fe(CN)_6]^{3-}$, $[Cr(NH_3)_6]^{3+}$, $[Co(NH_3)_6]^{3+}$, $[Co(NH_3)_5H_2O]^{3+}$	4	.796	.505	.25	.16
$[Co(ethylenediamine)_3]^{3+}$	6	.798	.52	.28	.195
Al^{3+}, Fe^{3+}, Cr^{3+}, Sc^{3+}, Y^{3+}, La^{3+}, In^{3+}, Ce^{3+}, Pr^{3+}, Nd^{3+}, Sm^{3+}	9	.802	.54	.325	.245
$[Fe(CN)_6]^{4-}$	5	.668	.31	.10	.048
$[Co(S_2O_3)(CN)_5]^{4-}$	6	.670	.315	.105	.055
Th^{4+}, Zr^{4+}, Ce^{4+}, Sn^{4+}	11	.678	.35	.155	.10
$[Co(SO_3)_2(CN)_4]^{5-}$	9	.542	.18	.045	.020

付表 2 （2） 水和イオンの径に相当するパラメーターと活量係数[*]

Origanic ion	Parameter $10^8 \alpha_i$	Total ionic concentration			
		0.001	0.01	0.05	0.1
$HCOO^-$, $H_2citrate^-$, $CH_3NH_3^+$	3.5	.975	.926	.855	.81
CH_3COO^-, $(C_2H_5)_2NH_2^+$, $NH_2CH_2COO^-$	4.5	.975	.928	.86	.82
$CHCl_2COO^-$	5	.975	.928	.865	.83
$C_6H_5COO^-$, $C_6H_4OHCOO^-$	6	.975	.929	.87	.835
$(C_6H_5)_2CHCOO^-$, $(C_3H_7)_4N^+$	8	.975	.931	.880	.85
$(COO)_2^{2-}$, $Hcitrate^{2-}$	4.5	.903	.741	.55	.45

[*] J. Kielland, *Journal of the American Chemical Society*, 59, 1675 (1937); Individual Activity Coefficients of Ions in Aqueous Solution.

120

付表 3 （1）　種々の信頼水準における自由度 ν に対する t 値[*]

	信　頼　水　準			
	90%	95%	99%	99.5%
1	6.314	12.706	63.657	127.32
2	2.920	4.303	9.925	14.089
3	2.353	3.182	5.841	7.453
4	2.132	2.776	4.604	5.598
5	2.015	2.571	4.032	4.773
6	1.943	2.447	3.707	4.317
7	1.895	2.365	3.500	4.029
8	1.860	2.306	3.355	3.832
9	1.833	2.262	3.250	3.690
10	1.812	2.228	3.169	3.581
15	1.753	2.131	2.947	3.252
20	1.725	2.086	2.845	3.153
25	1.708	2.060	2.787	3.078
∞	1.645	1.960	2.576	2.807

[*]　$\nu = N-1 =$ 自由度

付表 3 （2）　95% 信頼水準における F 値

$\nu_1=$2	3	4	5	6	7	8	9	10	15	20	30
$\nu_2=$2　19.0	19.2	19.2	19.3	19.3	19.4	19.4	19.4	19.4	19.4	19.4	19.5
3　9.55	9.28	9.12	9.01	8.94	8.89	8.85	8.81	8.79	8.70	8.66	8.62
4　6.94	6.59	6.39	6.26	6.16	6.09	6.04	6.00	5.96	5.86	5.80	5.75
5　5.79	5.41	5.19	5.05	4.95	4.88	4.82	4.77	4.74	4.62	4.56	4.50
6　5.14	4.76	4.53	4.39	4.28	4.21	4.15	4.10	4.06	3.94	3.87	3.81
7　4.74	4.35	4.12	3.97	3.87	3.79	3.73	3.68	3.64	3.51	3.44	3.38
8　4.46	4.07	3.84	3.69	3.58	3.50	3.44	3.39	3.35	3.22	3.15	3.08
9　4.26	3.86	3.63	3.48	3.37	3.29	3.23	3.18	3.14	3.01	2.94	2.86
10　4.10	3.71	3.48	3.33	3.22	3.14	3.07	3.02	2.98	2.85	2.77	2.70
15　3.68	3.29	3.06	2.90	2.79	2.71	2.64	2.59	2.54	2.40	2.33	3.25
20　3.49	3.10	2.87	2.71	2.60	2.51	2.45	2.39	2.35	2.20	2.12	2.04
30　3.32	2.92	2.69	2.53	2.42	2.33	2.27	2.21	2.16	2.01	1.93	1.84

付表 3 （3）　測定値棄却のための極限値 （信頼限界 95%）

測定回数 n	3	4	5	6	7	8	9	10	11	12	13
極限値 t_i	1.53	1.05	0.86	0.76	0.69	0.64	0.60	0.58	0.56	0.54	0.52

付表 3 (4)　Grubbs 検定による測定値棄却のための臨界値 G（信頼限界 95%）

測定回数（n）	4	5	6	7	8	9	10	11	12
臨界値（G）	1.463	1.672	1.822	1.938	2.032	2.110	2.176	2.234	2.285

出展：ASTM E 178-02 Standard practice for dealing with outlying observation (http://webstore.ansi.org)

F. E. Grubbs and G. Beck, Technometrics, 14, 847（1972）

索　引

著者略歴

菅原正雄
すが わら まさ お

1973年　北海道大学大学院理学研究科博士課程中途退学
現　在　日本大学名誉教授　理学博士
専　攻　分析化学

新版基礎分析化学演習　第2版
しんばん き そ ぶんせき か がくえんしゅう

2004 年 10 月 15 日　初　版第 1 刷発行
2007 年 10 月 10 日　初　版第 4 刷発行
2010 年 4 月 10 日　新　版第 1 刷発行
2019 年 3 月 15 日　新　版第 8 刷発行
2020 年 3 月 20 日　新版第 2 版第 1 刷発行
2024 年 3 月 10 日　新版第 2 版第 4 刷発行

©著　者　菅　原　正　雄

発行者　秀　島　　功

印刷者　江　曽　政　英

発行所　三 共 出 版 株 式 会 社　〒101-0051
東京都千代田区
神田神保町 3-2

電話 03(3264)5711　FAX03(3265)5149
振替 00110-9-1065
https://www.sankyoshuppan.co.jp/

一般社
団法人 日本書籍出版協会・一般社
団法人 自然科学書協会・工学書協会 会員

印刷・製本　理想社

ISBN 978-4-7827-0789-0

原子量表

(元素の原子量は，質量数12の炭素（¹²C）を12とし，これに対する相対値とする。但し，この¹²Cは核および電子が基底状態にある結合していない中性原子を示す。)

　多くの元素の原子量は通常の物質中の同位体存在度の変動によって変化する。そのような元素のうち 13 の元素については，原子量の変動範囲を $[a, b]$ で示す。この場合，元素 E の原子量 A_r(E) は $a \leq A_r$(E) $\leq b$ の範囲にある。ある特定の物質に対してより正確な原子量が知りたい場合には，別途求める必要がある。その他の 71 元素については，原子量 A_r(E) とその不確かさ（括弧内の数値）を示す。不確かさは有効数字の最後の桁に対応する。

原子番号	元素記号	元素名	原子量	脚注	原子番号	元素記号	元素名	原子量	脚注
1	H	Hydrogen	[1.00784；1.00811]	m	60	Nd	Neodymium	144.242(3)	g
2	He	Helium	4.002602(2)	g r	61	Pm	Promethium*		
3	Li	Lithium	[6.938；6.997]	m	62	Sm	Samarium	150.36(2)	g
4	Be	Berylium	9.0121831(5)		63	Eu	Europium	151.964(1)	g
5	B	Boron	[10.806；10.821]	m	64	Gd	Gadolinium	157.25(3)	g
6	C	Carbon	[12.0096；12.0116]		65	Tb	Terbium	158.925354(7)	
7	N	Nitrogen	[14.00643；14.00728]	m	66	Dy	Dysprosium	162.500(1)	g
8	O	Oxygen	[15.99903；15.99977]	m	67	Ho	Holmium	164.930329(5)	
9	F	Fluorine	18.998403162(5)		68	Er	Erbium	167.259(3)	
10	Ne	Neon	20.1797(6)	g m	69	Tm	Thulium	168.934218(5)	
11	Na	Sodium	22.98976928(2)		70	Yb	Ytterbium	173.045(10)	g
12	Mg	Magnesium	[24.304；24.307]		71	Lu	Lutetium	174.9668(1)	g
13	Al	Aluminium	26.9815384(3)		72	Hf	Hafnium	178.486(6)	g
14	Si	Silicon	[28.084；28.086]		73	Ta	Tantalum	180.94788(2)	
15	P	Phosphorus	30.973761998(5)		74	W	Tungsten	183.84(1)	
16	S	Sulfur	[32.059；32.076]		75	Re	Rhenium	186.207(1)	
17	Cl	Chlorine	[35.446；35.457]	m	76	Os	Osmium	190.23(3)	g
18	Ar	Argon	[39.792；39.963]		77	Ir	Iridium	192.217(2)	
19	K	Potassium	39.0983(1)		78	Pt	Platinum	195.084(9)	
20	Ca	Calcium	40.078(4)	g	79	Au	Gold	196.966570(4)	
21	Sc	Scandium	44.955907(4)		80	Hg	Mercury	200.592(3)	
22	Ti	Titanium	47.867(1)		81	Tl	Thallium	[204.382；204.385]	
23	V	Vanadium	50.9415(1)		82	Pb	Lead	[206.14；207.94]	
24	Cr	Chromium	51.9961(6)		83	Bi	Bismuth*	208.98040(1)	
25	Mn	Manganese	54.938043(2)		84	Po	Polonium*		
26	Fe	Iron	55.845(2)		85	At	Astatine*		
27	Co	Cobalt	58.933194(3)		86	Rn	Radon*		
28	Ni	Nickel	58.6934(4)	r	87	Fr	Francium*		
29	Cu	Copper	63.546(3)	r	88	Ra	Radium*		
30	Zn	Zinc	65.38(2)	r	89	Ac	Actinium*		
31	Ga	Gallium	69.723(1)		90	Th	Thorium*	232.0377(4)	g
32	Ge	Germanium	72.630(8)		91	Pa	Protactinium*	231.03588(1)	
33	As	Arsenic	74.921595(6)		92	U	Uranium*	238.02891(3)	g m
34	Se	Selenium	78.971(8)	r	93	Np	Neptunium*		
35	Br	Bromine	[79.901；79.907]		94	Pu	Plutonium*		
36	Kr	Krypton	83.798(2)	g m	95	Am	Americium*		
37	Rb	Rubidium	85.4678(3)	g	96	Cm	Curium*		
38	Sr	Strontium	87.62(1)	g r	97	Bk	Berkelium*		
39	Y	Yttrium	88.90584(1)		98	Cf	Californium*		
40	Zr	Zirconium	91.224(2)	g	99	Es	Einsteinium*		
41	Nb	Niobium	92.90637(1)		100	Fm	Fermium*		
42	Mo	Molybdenum	95.95(1)	g	101	Md	Mendelevium*		
43	Tc	Technetium*			102	No	Nobelium*		
44	Ru	Ruthenium	101.07(2)	g	103	Lr	Lawrencium*		
45	Rh	Rhodium	102.90549(2)		104	Rf	Rutherfordium*		
46	Pd	Palladium	106.42(1)	g	105	Db	Dubnium*		
47	Ag	Silver	107.8682(2)	g	106	Sg	Seaborgium*		
48	Cd	Cadmium	112.414(4)	g	107	Bh	Bohrium*		
49	In	Indium	114.818(1)		108	Hs	Hassium*		
50	Sn	Tin	118.710(7)	g	109	Mt	Meitnerium*		
51	Sb	Antimony	121.760(1)	g	110	Ds	Darmstadtium*		
52	Te	Tellurium	127.60(3)	g	111	Rg	Roentgenium*		
53	I	Iodine	126.90447(3)		112	Cn	Copernicium*		
54	Xe	Xenon	131.293(6)	g m	113	Nh	Nihonium*		
55	Cs	Caesium	132.90545196(6)		114	Fl	Flerovium*		
56	Ba	Barium	137.327(7)		115	Mc	Moscovium*		
57	La	Lanthanum	138.90547(7)	g	116	Lv	Livermorium*		
58	Ce	Cerium	140.116(1)	g	117	Ts	Tennessine*		
59	Pr	Praseodymium	140.90766(1)		118	Og	Oganesson*		

* ： 安定同位体のない元素。これらの元素については原子量が示されていないが，ビスマス，トリウム，プロトアクチニウム，ウランは例外で，これらの元素は地球上で固有の同位体組成を示すので原子量が与えられている。

g ： 当該元素の同位体組成が通常の物質が示す変動幅を超えるような地球化学的試料が知られている。そのような試料中では当該元素の原子量とこの表の値との差が，表記の不確かさを越えることがある。

m ： 不詳，あるいは不適切な同位体分別を受けたために同位体組成が変動している物質が市販品中に見いだされることがある。そのため，当該元素の原子量が表記の値とかなり異なることがある。

r ： 通常の地球上の物質の同位体組成に変動があるために表記の原子量より精度の良い値を与えることができない。表中の原子量および不確かさは通常の物質に摘要されるものとする。